U0377504

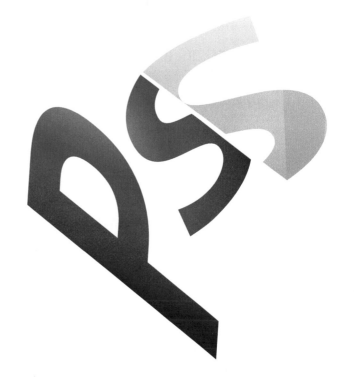

新编

中文版 **Photoshop CS6**

入门与提高

（第2版）

王芬 编著

人民邮电出版社

北京

图书在版编目（CIP）数据

新编中文版Photoshop CS6入门与提高 / 王芬编著
. -- 2版. -- 北京 ：人民邮电出版社，2019.11（2024.7重印）
ISBN 978-7-115-51080-8

Ⅰ. ①新… Ⅱ. ①王… Ⅲ. ①图象处理软件 Ⅳ.
①TP391.413

中国版本图书馆CIP数据核字(2019)第104075号

内 容 提 要

这是一本讲解 Photoshop CS6 基本功能及运用的书。

本书共分为 12 课，除了对 Photoshop CS6 中的功能进行由浅入深的讲解外，还为每个重要功能安排了操作练习。每个练习都有详细的制作流程，图文并茂，一目了然。除了大量的操作练习，第 2~11 课的后面还设置了综合练习和课后习题，这样读者就可以通过多层次的练习操作来达到巩固所学、提升能力的目的。

本书附带一套学习资源，内容包含操作练习、综合练习和课后习题的素材文件、实例文件，以及教学 PPT 课件和在线教学视频。读者可以通过在线方式获取这些资源，具体方法请参看本书前言。

本书适合 Photoshop 初学者阅读，同时也可以作为相关教育培训机构的教材。

◆ 编　著　王　芬
　　责任编辑　张丹丹
　　责任印制　马振武

◆ 人民邮电出版社出版发行　　北京市丰台区成寿寺路 11 号
　　邮编　100164　　电子邮件　315@ptpress.com.cn
　　网址　http://www.ptpress.com.cn
　　廊坊市印艺阁数字科技有限公司印刷

◆ 开本：700×1000　1/16
　　印张：15.5　　　　　　　　2019 年 11 月第 2 版
　　字数：362 千字　　　　　　2024 年 7 月河北第 16 次印刷

定价：59.90 元

读者服务热线：(010)81055410　印装质量热线：(010)81055316
反盗版热线：(010)81055315
广告经营许可证：京东市监广登字20170147号

前 言

Photoshop是一款优秀的图像处理软件，它功能强大，应用广泛。无论是从事专业的设计制作，还是日常生活中的图像处理，Photoshop都是一个应备的软件工具。

为了满足越来越多的人对Photoshop技能的学习需求，我们特别编写了本书。作为一本简洁实用的Photoshop入门与提高教程，本书立足于Photoshop常用、实用的软件功能，力求为读者提供一套门槛低、易上手、能提升的Photoshop学习方案，同时也能够满足教学、培训等方面的使用需求。

下面就本书的一些具体情况做详细介绍。

内容特色

本书的内容特色有以下4个方面。

入门轻松：本书从Photoshop的基础知识入手，将设计制作中常用的工具逐一讲解，力求使零基础的读者能轻松入门。

由浅入深：根据读者学习新技能的基本习惯，将软件工具按照由浅入深的模式进行讲解，合理安排学习顺序，并配合操作练习，让读者学习起来更加轻松。

主次分明：即使专业的设计师也很难将Photoshop掌握得面面俱到，大家关注的焦点是工作中常用的工具和命令。本书针对软件的各种常用技术进行讲解，使读者能够深入掌握这些工具的使用方法。

随学随练：每一个重要功能的后面会添加相应的操作练习，通过实战练习，读者可以掌握工具的具体使用方法。第2~11课结束后都安排了综合练习，读者可以对该节内容做一个综合性练习，并配有课后习题，方便读者在学完本课内容后继续强化所学知识，加深对本课知识的理解和掌握。

内容简介

本书总计12课内容，分别介绍如下。

第1课介绍Photoshop的应用、界面设置方法、图像的相关概念、文件操作方法等，这些都是学习Photoshop需要了解的基础知识。

第2课介绍Photoshop的基本操作，如修改图像大小、辅助工具的用法、图像的裁剪、图像的基本变换等。

第3课介绍Photoshop的选区功能，包括几个选区工具的用法，以及对选区的操作和编辑。

第4课介绍Photoshop的绘画和图像修饰功能，包括颜色工具、画笔工具、图像修复、图像擦除、图像润饰和填充工具的使用方法。

第5课介绍Photoshop的图层工具，这是该软件的关键技术之一，熟练掌握图层的运用，有助于提高工作效率。

第6课介绍Photoshop的调色工具，包括调整图像的明暗、色彩、色调等。调色是设计和修图工作中常用的工具，非常重要。

第7课介绍Photoshop的文字工具，包括文字的创建和编辑，以及文本格式的设置方法。

第8课介绍Photoshop的路径和矢量工具，这是Photoshop的矢量绘图工具，在工作中的使用频率比较高。

第9课介绍Photoshop的蒙版工具，包括图层蒙版和剪贴蒙版两大工具的讲解和应用。

第10课介绍Photoshop的通道工具，重点讲解通道的创建、编辑和使用方法。

第11课介绍Photoshop的滤镜工具，滤镜的种类比较庞杂，多用于添加各种图像特效，这里主要选择一些常用滤镜进行讲解。

第12课是综合练习，这部分内容以商业案例为主，通过这些案例操作，读者可以掌握Photoshop的设计思路和方法，做到学以致用。

版面结构

本书内容由软件讲解、操作练习、综合练习和课后习题组合构成。全书共分为12课，每一课（不含第12课）除了软件使用方法讲解外，还有相应的实操练习供读者边学边练。实例按照从简单到复杂的方式安排，以便读者能够轻松学习。

实例、素材及视频名称
列出该练习的素材、实例文件在学习资源中的位置，以及视频名称，方便读者查找。

操作练习
针对性的功能操作练习，便于读者快速掌握相关软件功能。

课后习题
针对本课某些重要内容进行巩固练习，帮助读者学以致用。

本课笔记
供读者收集、记录和整理重要知识点的地方。

综合练习
针对本课内容做综合性的操作练习，案例相对于"操作练习"更加完整，操作步骤略微复杂。

其他说明

本书附带一套学习资源，内容包括书中操作练习、综合练习和课后习题的素材文件、实例文件，以及教学PPT课件和在线教学视频（目录中标记 ⊙ 符号。另外，对于重要知识点的讲解视频，仅供读者观看操作方法，部分素材图与书中不同）。扫描"资源获取"二维码，关注"数艺社"的微信公众号，即可得到资源文件获取方式。如需资源获取技术支持，请致函szys@ptpress.com.cn。在学习的过程中，如果遇到问题，欢迎您与我们交流，客服邮箱：press@iread360.com。

资源获取

编者
2019年6月

目 录

第6课

第7课

文字 145

第8课

路径与矢量工具 163

第11课

第12课

资源与支持

本书由数艺社出品，"数艺社"社区平台（www.shuyishe.com）为您提供后续服务。

配套资源

操作练习、综合练习和课后习题的素材文件、实例文件

教学PPT课件

在线教学视频

资源获取请扫码

"数艺社"社区平台，为艺术设计从业者提供专业的教育产品。

与我们联系

我们的联系邮箱是 szys@ptpress.com.cn。如果您对本书有任何疑问或建议，请您发邮件给我们，并请在邮件标题中注明本书书名及ISBN，以便我们更高效地做出反馈。

如果您有兴趣出版图书、录制教学课程，或者参与技术审校等工作，可以发邮件给我们；有意出版图书的作者也可以到"数艺社"社区平台在线投稿（直接访问 www.shuyishe.com 即可）。如果学校、培训机构或企业想批量购买本书或数艺社出版的其他图书，也可以发邮件联系我们。

如果您在网上发现针对数艺社出品图书的各种形式的盗版行为，包括对图书全部或部分内容的非授权传播，请您将怀疑有侵权行为的链接通过邮件发给我们。您的这一举动是对作者权益的保护，也是我们持续为您提供有价值的内容的动力之源。

关于数艺社

人民邮电出版社有限公司旗下品牌"数艺社"，专注于专业艺术设计类图书出版，为艺术设计从业者提供专业的图书、U书、课程等教育产品。出版领域涉及平面、三维、影视、摄影与后期等数字艺术门类，字体设计、品牌设计、色彩设计等设计理论与应用门类，UI设计、电商设计、新媒体设计、游戏设计、交互设计、原型设计等互联网设计门类，环艺设计手绘、插画设计手绘、工业设计手绘等设计手绘门类。更多服务请访问"数艺社"社区平台www.shuyishe.com。我们将提供及时、准确、专业的学习服务。

第1课

学习Photoshop前的必修课

本课主要介绍Photoshop应用的相关领域、位图与矢量图的区别和像素与分辨率的特点，需要读者掌握安装与卸载Photoshop的方法，并对软件的工作界面和相关设置有基本的了解。掌握这些基础知识，是读者学习Photoshop的重要步骤。

学习要点

- » Photoshop的应用领域
- » Photoshop的安装与卸载方法
- » Photoshop的工作界面
- » Photoshop的常用首选项设置

- » 像素与分辨率
- » 位图与矢量图的区别
- » 文件的基本操作方法

1.1 Photoshop可以做什么

Photoshop是Adobe公司旗下知名的图像处理软件，也是目前世界上用户群较多的平面设计软件，其功能非常强大，应用领域相当广泛。

平面设计：平面设计是Photoshop应用比较广泛的一个领域，无论是图书封面，还是在大街上看到的招贴、海报等具有丰富图像的平面印刷品，基本上都需要使用Photoshop对图像进行相应的处理，如图1-1所示。

图1-1

照片处理：Photoshop作为一款图像处理软件，具有一套相当强大的图像修饰功能。利用这些功能，可以快速修复数码照片上的瑕疵，调整照片的色调或为照片添加装饰元素等，如图1-2所示。

图1-2

网页设计：使用Photoshop可以美化网页元素，如图1-3所示。

图1-3

UI设计：UI设计受到越来越多的软件企业及开发者的重视，绝大多数UI设计师使用Photoshop处理日常设计工作，如图1-4所示。

图1-4

文字设计：千万不要忽视Photoshop在文字设计方面的应用，使用它可以制作出各种质感、特效文字，如图1-5所示。

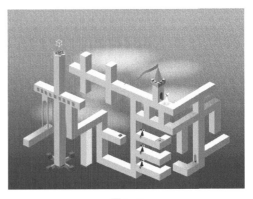

图1-5

插画创作：Photoshop具有一套优秀的绘画工具，使用它可以绘制出各种各样的精美插画，如图1-6所示。

图1-6

视觉创意：视觉创意与设计是设计艺术的一个分支，此类设计通常没有非常明显的商业目的，但由于它为广大设计爱好者提供了无限的设计空间，因此越来越多的设计爱好者开始注重视觉创意，并逐渐形成属于自己的一套创作风格，如图1-7所示。

图1-7

三维设计：Photoshop在三维设计中主要有两方面的应用：一是对效果图进行后期修饰，包括配景的搭配以及色调的调整等，如图1-8所示；二是用来绘制精美的贴图，因为再好的三维模型，如果没有逼真的贴图附在模型上，也得不到好的渲染效果，如图1-9所示。

图1-8

图1-9

提示

贴图是三维软件中用于制作材质的图片，它是一个专业术语，主要用于表现物体材质的纹理和凹凸等效果。

1.2 了解Photoshop的界面

随着Photoshop版本的不断升级，其工作界面布局也更合理和人性化。启动Photoshop CS6，图1-10所示是其工作界面。工作界面由菜单栏、选项栏、标题栏、工具箱、状态栏、文档窗口以及各式各样的面板组成。

图1-10

1.2.1 菜单栏

Photoshop CS6的菜单栏包含11组主菜单，分别是文件、编辑、图像、图层、文字、选择、滤镜、3D、视图、窗口和帮助，如图1-11所示。单击相应的主菜单，即可打开该菜单下的命令，如图1-12所示。

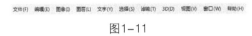

图1-11

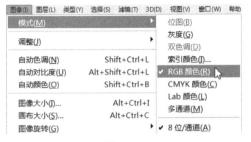

图1-12

1.2.2 标题栏

打开一个文件，Photoshop会自动创建一个标题栏。标题栏中会显示这个文件的名称、格式、窗口缩放比例以及颜色模式等信息，如图1-13所示。

图1-13

1.2.3 文档窗口

文档窗口是显示打开图像的地方。如果只打开了一张图像，则只有一个文档窗口，如图1-14所示；如果打开了多张图像，则文档窗口会按选项卡的方式进行显示，如图1-15所示。单击一个文档窗口的标题栏，即可将其设置为当前工作窗口。

图1-14

图1-15

提示

在默认情况下，打开的所有文件都会以停放为选项卡的方式紧挨在一起。按住鼠标左键拖曳文档窗口的标题栏，可以将其设置为浮动窗口，如图1-16所示；按住鼠标左键将浮动文档窗口的标题栏拖曳到选项卡中，文档窗口会停放到选项卡中，如图1-17所示。

图1-16

图1-17

1.2.4 工具箱

　　"工具箱"中集合了Photoshop CS6的大部分工具,这些工具分别是选择工具、裁剪与切片工具、吸管与测量工具、修饰工具、绘画工具、路径与矢量工具、文字工具和导航工具,外加一组设置前景色和背景色的图标与切换模型图标,另外还有一个特殊工具"以快速蒙版模式编辑" ▣ ,如图1-18所示。用鼠标单击一个工具,即可选择该工具。如果工具的右下角带有三角形图标,表示这是一个工具组,在工具上单击鼠标右键即可弹出隐藏的工具。图1-19所示是"工具箱"中所有隐藏的工具。

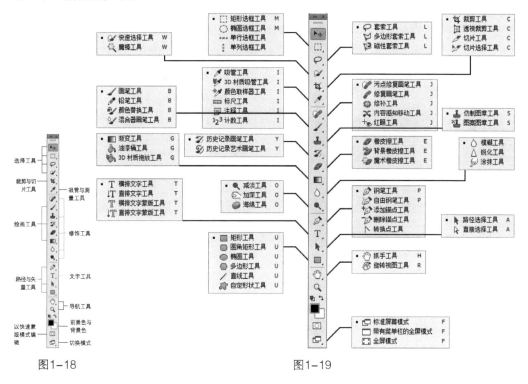

图1-18　　　　　　　　　　　　　　　　　　图1-19

提示

　　"工具箱"可以折叠起来,单击"工具箱"顶部的折叠图标 ▶▶ ,可以将其折叠为双栏,如图1-20所示,同时折叠图标 ▶▶ 会变成展开图标 ◀◀ ,再次单击,可以将其还原为单栏。另外,可以将"工具箱"设置为浮动状态,方法是将光标放置在 ▥▥▥▥▥ 图标上,然后使用鼠标左键进行拖曳(将"工具箱"拖曳到原处,可以将其还原为停靠状态)。

图1-20

17

1.2.5 选项栏

选项栏主要用来设置工具的参数选项，不同工具的选项栏也不同。例如，当选择"移动工具"时，其选项栏会显示如图1-21所示的内容。

图1-21

1.2.6 状态栏

状态栏位于工作界面的底部，显示当前文档的大小、文档尺寸、当前工具和窗口缩放比例等信息，单击状态栏中的三角形图标▶，可设置要显示的内容，如图1-22所示。

图1-22

1.2.7 面板

Photoshop CS6一共有26个面板，这些面板主要用来配合图像的编辑、对操作进行控制以及设置参数等。执行"窗口"菜单下的命令可以打开面板，如图1-23所示。例如，执行"窗口>色板"菜单命令，使"色板"命令处于勾选状态，就可以在工作界面中显示出"色板"面板。

图1-23

在默认情况下，面板都处于展开状态，如图1-24所示。单击面板右上角的折叠图标，可以将面板折叠，同时折叠图标会变成展开图标（单击该图标可以展开面板），如图1-25所示。单击关闭图标，可以关闭面板。

图1-24   图1-25

提示

如果不小心关闭了某个面板，还可以将其重新调出来。以"颜色"面板为例，如果将其关闭了，可以执行"窗口>颜色"菜单命令或按F6键重新将其调出来。

在默认情况下，面板以面板组的方式显示在工作界面中，如"颜色"面板和"色板"面板就是组合在一起的，如图1-26所示。如果要将其中某个面板拖曳出来形成一个单独的面板，可以将光标放置在面板名称上，然后使用鼠标左键拖曳面板，将其拖曳出面板组，如图1-27和图1-28所示。

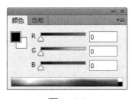 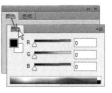

图1-26   图1-27

图1-28

3.组合面板

如果要将一个单独的面板与其他面板组合在一起，可以将光标放置在该面板的名称上，然后使用鼠标左键将其拖曳到要组合的面板名称上，如图1-29和图1-30所示。

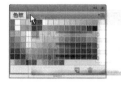
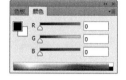

图1-29　　　　　图1-30

4.打开面板菜单

每个面板的右上角都有一个 ▤ 图标，单击该图标可以打开该面板的菜单选项，如图1-31所示。

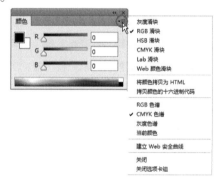

图1-31

图1-32

和"工具"，如图1-33所示。

图1-33

提示

从图1-32中可以看到，当前的工作区非常混乱，界面中有很多无用的面板，影响了操作空间。

03 在"窗口"菜单下勾选"属性"命令，打开"属性"面板，如图1-34所示，然后按住鼠标左键将"属性"面板拖曳到"调整"和"样式"面板组上，如图1-35所示。

📖 操作练习　自定义工作区

» 实例位置　无
» 素材位置　素材文件>CH01>素材01.jpg
» 视频名称　操作练习：自定义工作区.mp4
» 技术掌握　自定义合理的工作区

拥有一个干净、整洁的工作区，工作起来会很舒畅。

01 执行"文件>打开"菜单命令，然后在弹出的对话框中选择学习资源中的"素材文件>CH01>素材01.jpg"文件，如图1-32所示。

02 在"窗口"菜单下关闭不需要的面板，只保留"颜色""色板""调整""样式""图层""通道""历史记录""路径""选项"

图1-34

图1-35

04 将"样式"面板拖曳到"颜色"和"色板"面板组上,如图1-36所示。

图1-36

05 执行"窗口>工作区>新建工作区"菜单命令,然后在弹出的对话框中为工作区设置一

个名称,接着单击"存储"按钮 存储工作区,如图1-37所示。存储工作区后,在"窗口>工作区"菜单下可以选择自定义的工作区,如图1-38所示。

图1-37

图1-38

提示

如果要删除自定义工作区,只需要执行"窗口>工作区>删除工作区"菜单命令,然后在弹出的"删除工作区"对话框中选择要删除的工作区,接着单击"删除"按钮 删除(D) 即可,如图1-39所示。注意,如果要删除某个工作区,必须让这个工作区处于未工作状态,否则不能将其删除。

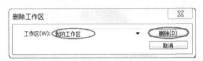

图1-39

1.3 设置Photoshop的重要首选项

为了更好地使用Photoshop,提高软件的运行速度,需要对Photoshop的重要首选项进行设置。

命令:"编辑>首选项>常规"菜单命令
作用:设置相应的首选项　快捷键:Ctrl+K

执行"编辑>首选项>常规"菜单命令或按快捷键Ctrl+K,可以打开"首选项"对话框,如图1-40所示。在该对话框中,可以修改Photoshop CS6的常规设置、界面、文件处理、性能、光标、透明度与色域等。设置好首选项以后,每次启动Photoshop都会按照这个设置来运行。下面只介绍在实际工作中比较常用的一些首选项设置。

图1-40

1.3.1 设置界面的颜色

打开Photoshop CS6以后，界面默认显示颜色为接近黑色的灰色，如图1-41所示。如果要将其设置为其他颜色，可以在"首选项"对话框中单击"界面"选项，切换到"界面"面板，然后在"颜色方案"中选择相应的颜色即可，如图1-42所示。

图1-41

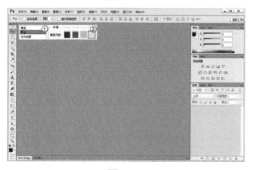

图1-42

1.3.2 设置信息自动存储恢复的时间间隔

Photoshop CS6拥有一个很人性化的自动存储功能，利用该功能可以在设置的时间段内对当前处理的文件进行自动存储。在"首选项"对话框左侧单击"文件处理"选项，切换到"文件处理"面板，默认的"自动存储恢复信息时间间隔"为10分钟，如图1-43所示，也就是说每隔10分钟，Photoshop会自动存储一次（不覆盖已经保存的文件），就算在断电

的情况下也不会丢失当前处理的文件。

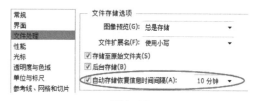

图1-43

1.3.3 设置历史记录次数

默认情况下，Photoshop只记录当前操作的前20个步骤，如果要想返回到靠前的步骤，就需要将历史记录设置得更大一些。在"首选项"对话框左侧单击"性能"选项，切换到"性能"面板，在"历史记录状态"选项中即可设置相应的记录步骤数，如图1-44所示。

图1-44

提示

注意，"历史记录状态"的数值不宜设置得过大，否则会影响计算机的运行。

1.3.4 提高软件运行速度

随着计算机硬件的不断升级，Photoshop也开发出了一个相应的图形处理器，用于提高软件的运行速度。在"首选项"对话框左侧单击"性能"选项，切换到"性能"面板，勾选"使用图形处理器"选项，可以加速处理一些大型的图像以及3D文件，如图1-45所示。另外，如果不开启该功能，Photoshop的某些滤镜也不能用，如"自适应广角"滤镜。

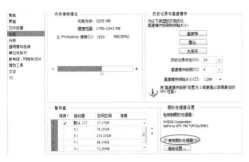

图1-45

图1-47　　　　图1-48

1.4　图像的相关知识

Photoshop是一个图像处理软件，只有掌握了关于图像和图形方面的知识，才能更好地使用它。

1.4.1　位图与矢量图像

图像主要分为位图和矢量图。位图由像素组成，像素数量不够，图片就会模糊；矢量图则相反，无论放大或缩小，都不会模糊。

1.位图图像

位图图像在技术上被称为"栅格图像"，也就是通常所说的"点阵图像"或"绘制图像"。它由像素组成，每个像素都会被分配一个特定位置和颜色值。相对于矢量图像，处理位图图像时所编辑的对象是像素，而不是对象或形状。

见图1-46，如果将其放大到8倍，可以发现图像会发虚，如图1-47所示，而将其放大到32倍时，就可以清晰地观察到图像中有很多小方块，这些小方块就是构成图像的像素，如图1-48所示。

图1-46

2.矢量图像

矢量图像也称为矢量形状或矢量对象，在数学上定义为一系列由线连接的点，如Illustrator、CorelDraw、CAD等软件就是以矢量图形为基础进行创作的。与位图图像不同，矢量文件中的图形元素称为矢量图像的对象，每个对象都是一个自成一体的实体，具有颜色、形状、轮廓、大小和屏幕位置等属性。

对于矢量图形，无论是移动还是修改，都不会丢失细节或影响其清晰度。当调整矢量图形的大小，将矢量图形打印到任何尺寸的介质上，在PDF文件中保存矢量图形或将矢量图形导入基于矢量的图形应用程序时，矢量图形都将保持清晰的边缘，如图1-49所示。将其放大8倍，图形很清晰，如图1-50所示，而将其放大到32倍时，图形依然很清晰，如图1-51所示，这就是矢量图形的最大优势。

图1-49　　　　图1-50

图1-51

提示

矢量图像在设计中应用得比较广泛，如Flash动画、广告设计喷绘等（注意，常见的JPG、GIF、BMP图像都属于位图）。

1.4.2 像素与分辨率

在Photoshop中，图像处理是指对图像进行修饰、合成以及校色等。Photoshop中图像的尺寸及清晰度是由图像的像素与分辨率来控制的。

1.像素

像素是构成位图图像的基本单位，它由许多个大小相同的像素沿水平方向和垂直方向按统一的矩阵整齐排列而成。构成一幅图像的像素越多，色彩信息越丰富，效果就越好，当然文件所占的空间也就越大。在位图中，像素的大小是指沿图像的宽度和高度测量出的像素数目。图1-52中是3张像素分别为800像素×600像素、500像素×375像素和200像素×150像素的图像，可以很清楚地观察到左图的效果是最好的。

800像素×600像素　　　　500像素×375像素 200像素×150像素

图1-52

2.分辨率

分辨率是指位图图像中的细节精细度，测量单位是像素/英寸（ppi），每英寸的像素越多，分辨率越高。一般来说，图像的分辨率越高，印刷出来的质量就越好。例如，在图1-53中，这是两张尺寸相同、内容相同的图像，左图的分辨率为300ppi，右图的分辨率为72ppi，可以观察到这两张图像的清晰度有着明显的差异，即左图的清晰度明显要高于右图。

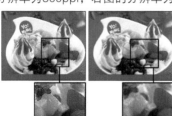

分辨率为300ppi　　　　分辨率为72ppi

图1-53

1.5 文件的基本操作

文件的基本操作包括新建、打开、保存以及关闭等。只有掌握了这些基本操作方法，才能在以后的工作中得心应手。

1.5.1 新建文件

命令："文件>新建"菜单命令　作用：新建一个空白文件　快捷键：Ctrl+N

通常情况下，要处理一张已有的图像，只需要在Photoshop中将现有图像打开即可。但是如果是制作一张新图像，就需要在Photoshop中新建一个文件。执行"文件>新建"菜单命令或按快捷键Ctrl+N，打开"新建"对话框，如图1-54所示。在该对话框中可以设置文件的名称、尺寸、分辨率、颜色模式等。

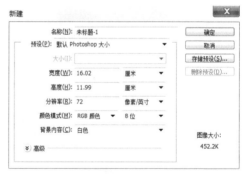

图1-54

名称：设置文件的名称，默认情况下的文件名为"未标题-1"。

预设：选择一些内置的常用尺寸，单击预设下拉列表即可进行选择。预设列表中包含"剪贴板""默认Photoshop大小""美国标准纸张""国际标准纸张""照片""Web""移动设备""胶片和视频"和"自定"9个选项，如图1-55所示。

大小：用于设置预设类型的大小，在设置"预设"为"美国标准纸张""国际标准纸

23

张""照片""Web""移动设备"或"胶片和视频"时，"大小"选项才可用。以"国际标准纸张"预设为例，如图1-56所示。

图1-55　　　　　　图1-56

宽度/高度：设置文件的宽度和高度，其单位有"像素""英寸""厘米""毫米""点""派卡"和"列"7种，如图1-57所示。

图1-57

分辨率：用来设置文件的分辨率大小，其单位有"像素/英寸"和"像素/厘米"两种，如图1-58所示。一般情况下，图像的分辨率越高，印刷出来的质量就越好。

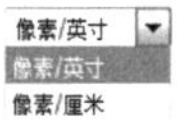

图1-58

颜色模式：设置文件的颜色模式以及相应的颜色深度。颜色模式可以选择"位图""灰度""RGB颜色""CMYK颜色"和"Lab颜色"5种方式，如图1-59所示；颜色深度可以选择"1位""8位""16位"或"32位"，如图1-60所示。

图1-59　　图1-60

背景内容：设置文件的背景内容，有"白色""背景色"和"透明"3个选项，如图

1-61所示。

图1-61

提示

如果设置"背景内容"为"白色"，那么新建出来的文件的背景色就是白色；如果设置"背景内容"为"背景色"，那么新建出来的文件的背景色就是Photoshop当前设置的背景色；如果设置"背景内容"为"透明"，那么新建出来的文件的背景色就是透明的，如图1-62所示。

图1-62

1.5.2 打开文件

前面已经介绍了新建文件的方法，如果需要对已有的图像文件进行编辑，就需要在Photoshop中将其打开，才能进行操作。

1.用打开命令打开文件

命令："文件>打开"菜单命令　**作用：打开一个文件**　**快捷键：Ctrl+O**

执行"文件>打开"菜单命令，然后在弹出的"打开"对话框中选择需要打开的文件，接着单击"打开"按钮或双击文件即可在Photoshop中打开该文件，如图1-63所示。

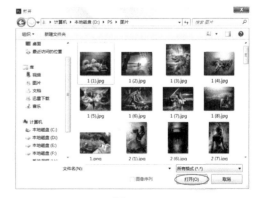

图1-63

提示

打开文件时，如果找不到需要的文件，可能有以下两个原因。

第1个：Photoshop不支持这种文件格式。

第2个："文件类型"没有设置正确，如设置"文件类型"为JPG格式，那么在"打开"对话框中就只能显示这种格式的图像文件，这时可以设置"文件类型"为"所有格式"，就可以查看到相应的文件（前提是计算机中存在该文件）。

2.用快捷方式打开文件

利用快捷方式打开文件的方法主要有以下3种。

第1种：选择一个需要打开的文件，然后将其拖曳到Photoshop的快捷图标上，如图1-64所示。

图1-64

第2种：选择一个需要打开的文件，然后单击鼠标右键，在弹出的菜单中选择"打开方式>Adobe Photoshop CS6"命令，如图1-65所示。

图1-65

第3种：如果已经运行了Photoshop，这时可以直接将需要打开的文件拖曳到Photoshop的窗口中，如图1-66所示。

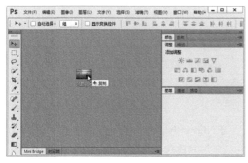

图1-66

1.5.3 保存文件

当对图像进行编辑以后，就需要对文件进行保存。如果不保存文件，所做的所有工作都将前功尽弃。

1.用存储命令保存文件

命令："文件>存储"菜单命令　**作用**：将文件存储一份　**快捷键**：Ctrl+S

将文件编辑完成以后，可以执行"文件>存储"菜单命令或按快捷键Ctrl+S，将文件保存起来，如图1-67所示。存储时将保留所做的更改，并且会替换上一次保存的文件，同时会按照当前格式进行保存。

图1-67

提示

如果是一个新建的文件，那么在执行"文件>存储"菜单命令时，Photoshop会弹出"存储为"对话框。

2.用存储为命令保存文件

命令："文件>存储为"菜单命令　**作用**：将文件另存一份　**快捷键**：Shift+Ctrl+S

如果需要将文件保存到另一个位置或使用另一文件名进行保存时，这时就可以通过执行"文件>存储为"菜单命令或快捷键Shift+Ctrl+S来完成，如图1-68所示。

图1-68

使用"存储为"命令另存文件时，Photoshop会弹出"存储为"对话框，如图1-69所示。在该对话框中，可以设置另存为的文件名和另存格式等。

图1-69

3.文件保存格式

文件保存格式就是储存图像数据的方式，它决定了图像的压缩方法、支持何种

Photoshop功能以及文件是否与一些文件相兼容等。利用"存储"和"存储为"命令保存图像时，可以在弹出的"存储为"对话框中选择图像的保存格式，如图1-70所示。

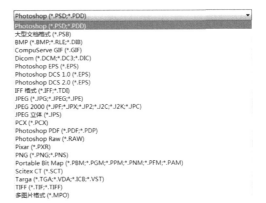

图1-70

PSD： PSD格式是Photoshop的默认存储格式，能够保存图层、蒙版、通道、路径、未栅格化的文字、图层样式等。一般情况下，保存文件都采用这种格式，以便随时进行修改。

提示

PSD格式应用非常广泛，可以直接将这种格式的文件置入Illustrator、InDesign和Premiere等Adobe软件。

GIF： GIF格式是输出图像到网页比较常用的格式。该格式采用LZW压缩，支持透明背景和动画，被广泛应用在网络中。

JPEG： JPEG格式是平时比较常用的一种图像格式。它是一种有效、基本的有损压缩格式，被绝大多数的图形处理软件所支持。

提示

如果要求进行图像输出打印，最好不使用JPEG格式，因为它是以损坏图像质量为代价而提高压缩质量的。

PNG： PNG格式是专门为Web开发的，它是一种将图像压缩到Web上的文件格式。与GIF格式不同的是，PNG格式支持24位图像并产生无锯齿状的透明背景。

> **提示**
>
> PNG格式由于可以实现无损压缩，并且背景部分是透明的，因此常用来存储背景透明的素材。

TIFF：TIFF格式是一种通用的文件格式，所有的绘画、图像编辑和排版程序都支持该格式，而且几乎所有的桌面扫描仪都可以产生TIFF图像。TIFF格式支持具有Alpha通道的CMYK、RGB、Lab、索引颜色和灰度图像，以及没有Alpha通道的位图模式图像。Photoshop可以在TIFF文件中存储图层和通道，但是如果在另外一个应用程序中打开该文件，那么只有拼合图像才是可见的。

> **提示**
>
> 在实际工作中，PSD格式是比较常用的文件格式，它可以保留文件的图层、蒙版和通道等所有内容，在编辑图像之后，应该尽量保存该格式，以便可以随时修改。另外，矢量图形软件Illustrator和排版软件InDesign也支持PSD格式的文件，这意味着一个透明背景的文件置入这两个软件之后，背景仍然是透明的；JPEG格式是大多数数码相机默认的格式，如果将照片或图像进行打印输出，或是通过E-mail传送，都应该采用JPEG格式。

1.5.4 置入文件

置入文件是将照片、图片或任何Photoshop支持的文件作为智能对象添加到当前操作的文档中。

新建一个文档以后，执行"文件>置入"菜单命令，然后在弹出的对话框中选择好需要置入的文件，即可将其置入Photoshop，如图1-71所示。

图1-71

> **提示**
>
> 置入文件时，置入的文件将自动放置在画布的中间，同时会保持其原始长宽比。但是如果置入的文件比当前编辑的图像大，那么该文件将被重新调整到与画布相同大小的尺寸。
>
> 置入文件之后，可以对作为智能对象的图像进行缩放、定位、斜切、旋转或变形操作，并且不会降低图像的质量。

1.5.5 关闭文件

编辑完图像以后，首先就需要将该文件进行保存，然后关闭文件。Photoshop提供了4种关闭文件的方法，如图1-72所示。

图1-72

关闭：执行该命令或按快捷键Ctrl+W，可以关闭当前处于激活状态的文件。使用这种方法关闭文件时，其他文件将不受任何影响。

关闭全部：执行该命令或按快捷键Alt+Ctrl+W，可以关闭所有的文件。

关闭并转到Bridge：执行该命令可以关闭当前文件，然后打开Bridge图片浏览软件。

退出：执行该命令或者单击Photoshop界面右上角的"关闭"按钮 ❌ ，可以关闭所有的文件并退出Photoshop。

» 实例位置　无

» 素材位置　素材文件>CH01>素材02.jpg

» 视频名称　操作练习：修改照片尺寸以用于网络传输.mp4

» 技术掌握　修改图像的大小

网络中经常需要上传图片，很多网站都限制了上传图片的尺寸，所以需要修改图片尺寸以便上传。

01 按快捷键Ctrl+O打开学习资源中的 "素材文件> CH01>素材02.jpg"文件，如图1-73所示。

图1-73

02 执行"图像>图像大小"菜单命令，打开"图像大小"对话框，从该对话框中可以看到"图像大小"为6.59M、宽度为1920像素、高度为1200像素，如图1-74所示。

图1-74

03 在"图像大小"对话框中设置"宽度"为1024像素，因为勾选了"约束比例"选项，此时高度会自动改变，如图1-75所示。

图1-75

04 单击"确定"按钮，此时可以清楚地看到图像变小了，最终效果如图1-76所示。

图1-76

1.6 本课笔记

Photoshop的基本操作

本课主要介绍在Photoshop中如何对图像进行简单的修改及基本操作，希望读者能够透彻理解本课的基本概念，灵活掌握基本操作，为今后的学习打下坚实的基础。

学习要点

- » 修改图像和画布大小
- » 熟悉图像处理中的辅助工具
- » 图像的撤销/返回/恢复
- » 历史记录的还原操作

- » 裁剪图像
- » 图像的基本变换
- » 内容识别比例变换

2.1 修改图像大小

"图像大小"主要用来设置图像的打印尺寸。

> **命令："图像>图像大小"菜单命令**
> **作用：修改图像的大小　快捷键：Alt+Ctrl+I**

打开一张图像，执行"图像>图像大小"菜单命令或按快捷键Alt+Ctrl+I，即可打开"图像大小"对话框，如图2-1所示。在"图像大小"对话框中可更改图像的尺寸，减小文档的"宽度"和"高度"值，就会减少像素数量，此时图像虽然变小，但画面质量仍然不变，如图2-2所示；若提高文档的分辨率，则会增加新的像素，此时图像尺寸虽然变大，但画面的质量会下降，如图2-3所示。

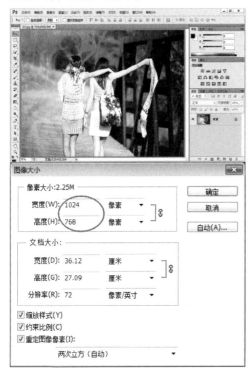

图2-1

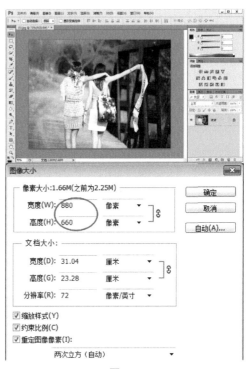

图2-2

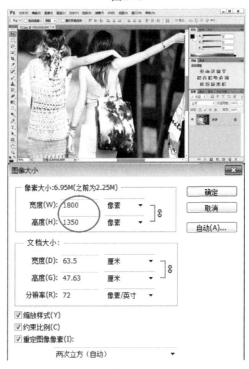

图2-3

2.2 修改与旋转画布

　　画布指整个文档的工作区域，如图2-4所示。执行"图像>画布大小"菜单命令或按快捷键Alt+Ctrl+C，打开"画布大小"对话框，如图2-5所示。在该对话框中可以对画布的宽度、高度、定位和扩展背景颜色进行调整。

图2-7

图2-4

图2-5

图2-8

2.2.1 当前大小

　　命令： "图像>画布大小"菜单命令
作用：对画布的宽度、高度、定位和扩展背景颜色进行调整　**快捷键：**Alt+Ctrl+C

　　"当前大小"选项组下显示的是文档的实际大小，以及图像的宽度和高度的实际尺寸，如图2-6所示。

图2-6

提示

　　当新画布大小小于当前画布大小时，Photoshop会对当前画布进行裁切，并且在裁切前会弹出一个警告对话框，如图2-9所示，提醒用户是否进行裁切操作，单击"继续"按钮 继续(P) 将进行裁切，单击"取消"按钮 取消 将不裁切。

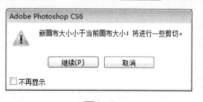

图2-9

2.2.2 新建大小

　　"新建大小"是指修改画布尺寸后的大小。当输入的"宽度"和"高度"值大于原始画布尺寸时，会增大画布，如图2-7所示；当输入的"宽度"和"高度"值小于原始画布尺寸时，Photoshop会裁掉超出画布区域的图像，如图2-8所示。

2.2.3 画布扩展颜色

　　"画布扩展颜色"是指填充新画布的颜色，只针对背景图层操作，如果图像的背景是透明的，那么"画布扩展颜色"选项将不可用，新增加的画布也是透明的。见图2-10，"图层"面板中只有一个"图层0"，没有"背景"图层，因此图像的背景就是透明的。如果将画布的"宽度"扩展到10cm，则扩展的区域就是透明的，如图2-11所示。

图2-10

图2-11

2.2.4 旋转画布

命令:"图像>图像旋转"菜单命令 **作用:**对画布进行旋转 **快捷键:** Alt+I+G

使用"图像旋转"可以旋转或翻转整个图像,如图2-12所示。图2-13所示为原图,图2-14和图2-15所示分别是执行"90度(顺时针)"命令和"水平翻转画布"命令后的图像效果。

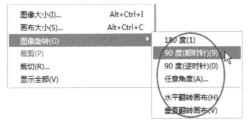

图2-12

图2-13　　　图2-14　　　图2-15

提示

执行"图像>图像旋转>任意角度"菜单命令,可以设置任意角度旋转画布。

2.3 使用辅助工具

辅助工具包括标尺、参考线、网格和抓手工具等,借助这些辅助工具可以进行参考、对齐、对位等操作,有助于更快、更精确地处理图像。

2.3.1 标尺与参考线

命令:"视图>标尺"菜单命令 **作用:** 精确地定位图像或元素 **快捷键:** Ctrl+R

标尺和参考线能精确地定位图像或元素。执行"视图>标尺"菜单命令,即可在画布中显示出标尺,将光标放置在左侧的垂直标尺上,然后使用鼠标左键向右拖曳即可拖出垂直参考线,如图2-16和图2-17所示。参考线以浮动的状态显示在图像上方,在输出和打印图像的时候,参考线不会显示出来。

图2-16

图2-17

2.3.2 网格

命令: "视图>显示>网格"菜单命令

作用：对称排列图像　快捷键：Ctrl+"

网格主要用来对称排列图像，默认情况下显示为不打印出来的线条，也可以显示为点。执行"视图>显示>网格"菜单命令，即可在画布中显示出网格，如图2-18所示。

图2-18

2.3.3 抓手工具

使用抓手工具可以在文档窗口中以移动的方式查看图像。在"工具箱"中单击"抓手工具"按钮⟨🖑⟩，图2-19所示是"抓手工具"⟨🖑⟩的选项栏。

图2-19

🖑 **操作练习** 用抓手工具查看图像

- » 实例位置　无
- » 素材位置　素材文件>CH02>素材01.jpg
- » 视频名称　用抓手工具查看图像.mp4
- » 技术掌握　抓手工具的用法

放大图像后查看某一区域时，可以使用"抓手工具"⟨🖑⟩将图像移动到特定的区域内进行查看。

01 执行"文件>打开"菜单命令，在弹出的对话框中选择学习资源中的"素材文件>CH02>素材01.jpg"文件，如图2-20所示。

02 在"工具箱"中选择"缩放工具"⟨🔍⟩或按快捷键Z，然后在画布中单击鼠标左键，放大图像的显示比例，如图2-21所示。

03 在"工具箱"中选择"抓手工具"⟨🖑⟩或按H键，此时光标在画布中会变成抓手⟨🖑⟩形状，拖曳鼠标左键到其他位置即可查看到该区域的图像，如图2-22和图2-23所示。

图2-20　　　　图2-21

图2-22　　　　图2-23

提示

使用其他工具编辑图像时，可以按住Space键（即空格键）切换到⟨🖑⟩抓手形状，当松开Space键时，系统会自动切换回之前状态。

2.4 图像的撤销/返回/恢复

用Photoshop编辑图像时，常常会由于操作错误而导致对效果不满意，这时需要撤销或返回所做的步骤，然后重新编辑图像。

2.4.1 还原

命令："编辑>还原"菜单命令　作用：撤销最近的一次操作　快捷键：Ctrl+Z

"还原"和"重做"两个命令相互关联。执行"编辑>还原"菜单命令，可以撤销最近的一次操作，将其还原到上一步操作状态中。

2.4.2 后退一步与前进一步

命令："编辑>后退一步"菜单命令　作用：连续还原操作的步骤　快捷键：Alt+Ctrl+Z

命令："编辑>前进一步"菜单命令　作用：逐步恢复被撤销的步骤　快捷键：Shift+Ctrl+Z

如果要连续还原操作的步骤，就需要使用"编辑>后退一步"菜单命令，或连续按快捷键Alt+Ctrl+Z来逐步撤销操作；如果要取消还原的操作，可以连续执行"编辑>前进一步"菜单命令，或连续按快捷键Shift+Ctrl+Z来逐步恢复被撤销的操作。

2.4.3 恢复

命令："文件>恢复"菜单命令 作用：将文件恢复到最后一次保存时的状态，或返回刚打开文件时的状态 快捷键：F12

执行"文件>恢复"菜单命令或按F12键，可以直接将文件恢复到最后一次保存时的状态，或返回到刚打开文件时的状态。

提示
"恢复"命令只能针对已有图像的操作进行恢复。如果是新建的文件，"恢复"命令将不可用。

2.5 历史记录的还原操作

编辑图像时，每进行一次操作，Photoshop都会将其记录到"历史记录"面板中。也就是说，利用"历史记录"面板可以恢复到某一步的状态，同时也可以再次返回到当前的操作状态。

执行"窗口>历史记录"菜单命令，打开"历史记录"面板，如图2-24所示。

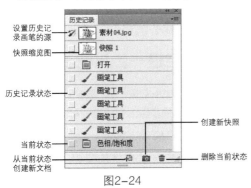

设置历史记录画笔的源
快照缩览图
打开
画笔工具
历史记录状态
画笔工具
画笔工具
画笔工具
创建新快照
当前状态
色相/饱和度
从当前状态创建新文档
删除当前状态

图2-24

👆 **操作练习**　用历史记录面板还原错误操作

» 实例位置　无
» 素材位置　素材文件>CH02>素材02.jpg
» 视频名称　用历史记录面板还原错误操作.mp4
» 技术掌握　历史记录面板的用法

在实际工作中，经常会遇到操作失误的情况，这时可以在"历史记录"面板中还原到想要的状态。

01 按快捷键Ctrl+O打开学习资源中的"素材文件>CH02>素材02.jpg"文件，如图2-25所示。

02 执行"图像>图像旋转>水平翻转画布"菜单命令，效果如图2-26所示。

图2-25　　　　　　图2-26

03 执行"窗口>历史记录"菜单命令，打开"历史记录"面板，在该面板中可以观察到之前所进行的操作，如图2-27所示。

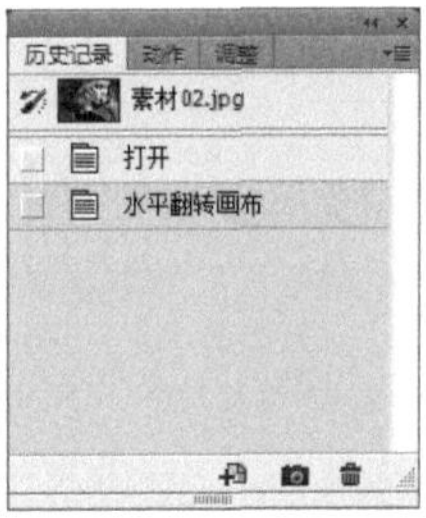

历史记录　动作　调整
素材02.jpg
打开
水平翻转画布

图2-27

04 如果想要返回到应用"打开"时的效果，可以单击"打开"状态，图像就会返回到该步骤的效果，如图2-28所示。

图2-28

2.6 裁剪图像

当使用数码相机拍摄照片或将老照片进行扫描时，为了使画面的构图更加完美，经常需要裁剪掉多余的部分。裁剪图像主要使用"裁剪工具" 🔲、"裁剪"命令和"裁切"命令来完成。

2.6.1 裁剪工具

命令："裁剪工具" 🔲 作用：裁剪掉多余的图像，并重新定义画布的大小

快捷键：C

裁剪是指移去部分图像，以突出或加强构图效果的过程。使用"裁剪工具" 🔲可以裁剪掉多余的图像，并重新定义画布的大小。

> **提示**
>
> 选择"裁剪工具" 🔲后，画布中会自动出现一个裁剪框，拖曳裁剪框上的控制点，可以选择要保留的部分或旋转图像，然后按Enter键或双击鼠标左键即可完成裁剪。此时仍然可以继续对图像进行进一步的裁剪和旋转。按Enter键或双击鼠标左键后，单击其他工具可以完全退出裁剪操作。

在"工具箱"中选择"裁剪工具" 🔲，调出其选项栏，如图2-29所示。

图2-29

1.不受约束

在该下拉列表中可以选择一个约束选项，按一定比例对图像进行裁剪，如图2-30所示。

图2-30

2.拉直图像

单击 🔲按钮，可以通过在图像上绘制一条线来确定裁剪区域与裁剪框的旋转角度，如图2-31和图2-32所示。

图2-31　　　　　　图2-32

3.视图

在该下拉列表中可以选择裁剪参考线的样式以及叠加方式，如图2-33所示。裁剪参考线包含"三等分""网格""对角""三角形""黄金比例"和"金色螺线"6种，叠加方式包含"自动显示叠加""总是显示叠加"和"从不显示叠加"3个选项，剩下的"循环切换叠加"和"循环切换取向"两个选项用来设置叠加的循环切换方式。

图2-33

4.设置其他裁切选项

单击"设置其他裁切选项"按钮 🔲，可以打开设置其他裁剪选项的设置面板，如图2-34所示。

图2-34

使用经典模式：裁剪方式将自动切换为以前版本的裁剪方式。

显示裁剪区域：在裁剪图像的过程中，会显示被裁剪的区域。

自动居中预览：在裁剪图像时，裁剪预览效果会始终显示在画布的中央。

启用裁剪屏蔽：在裁剪图像的过程中查看

被裁剪的区域。

不透明度：设置在裁剪过程中或完成后被裁剪区域的不透明度，图2-35和图2-36所示分别是设置"不透明度"为22%和100%时的裁剪屏蔽（被裁剪区域）效果。

图2-35　　　　　　　图2-36

5.删除裁剪的像素

如果勾选该选项，裁剪结束时将删除被裁剪的图像；如果关闭该选项，则将被裁剪的图像隐藏在画布之外。

操作练习　用裁剪工具裁剪图像

» 实例位置　实例文件>CH02>操作练习：用裁剪工具裁剪图像.psd
» 素材位置　素材文件>CH02>素材03.jpg
» 视频名称　用裁剪工具裁剪图像.mp4
» 技术掌握　裁剪工具的用法

当画面中画布过大或者图片四周有不重要的元素时，可以裁剪掉多余的图像，以突出画面中的重要元素。

01 按快捷键Ctrl+O打开学习资源中的"素材文件>CH02>素材03.jpg"文件，如图2-37所示。

02 在"工具箱"中单击"裁剪工具"按钮 ，或按快捷键C，此时画布上会显示出裁剪框，如图2-38所示。

图2-37　　　　　　　图2-38

03 用鼠标左键仔细调整裁剪框上的定界点，

确定裁剪区域，如图2-39所示。

04 确定裁剪区域和旋转角度以后，可以按Enter键、双击鼠标左键，或在选项栏中单击"提交当前裁剪操作"按钮 完成裁剪操作，最终效果如图2-40所示。

图2-39　　　　　　　图2-40

2.6.2 透视裁剪图像

命令："透视裁剪工具" 　**作用：**将图像中的某个区域裁剪下来作为纹理或仅校正某个偏斜的区域　**快捷键：**C

"透视裁剪工具" 是一个全新的工具，它将图像中的某个区域裁剪下来作为纹理或仅校正某个偏斜的区域，图2-41是该工具的选项栏。此工具可以通过绘制出正确的透视形状告诉Photoshop哪里是要被校正的图像区域。

图2-41

操作练习　用透视裁剪工具裁剪图像

» 实例位置　实例文件>CH02>操作练习：用透视裁剪工具裁剪图像.psd
» 素材位置　素材文件>CH02>素材04.jpg
» 视频名称　用透视裁剪工具裁剪图像.mp4
» 技术掌握　透视裁剪工具的用法

"透视裁剪工具" 非常适合裁剪具有透视关系的图像，本例就来学习该工具的使用方法。

01 按快捷键Ctrl+O打开学习资源中的"素材文件>CH02>素材04.jpg"文件，如图2-42所示。

02 在"工具箱"中选择"透视裁剪工具" ，然后在图像上拖曳出一个裁剪框，如图2-43所示。

图2-42　　　　　　　图2-43

03 仔细调节裁剪框上的4个定界点，使其包含正面宣传区域，如图2-44所示。

04 按Enter键确认裁剪操作，此时Photoshop会自动校正透视效果，使其成为平面图，最终效果如图2-45所示。

图2-44　　　　　　　图2-45

2.7 图像的基本变换

移动、旋转、缩放、扭曲、斜切等是处理图像的基本方法。其中，移动、旋转和缩放称为变换操作，而扭曲和斜切称为变形操作。通过执行"编辑"菜单下的"自由变换"和"变换"命令，可以改变图像的形状。

2.7.1 移动工具

命令："移动工具" ▶+　　**作用：在单个或多个文档中移动图层、选区中的图像**

快捷键：V

"移动工具" ▶+可以在文档中移动图层、选区中的图像，也可以将其他文档中的图像拖曳到当前文档，图2-46所示是该工具的选项栏。

图2-46

对齐图层：当同时选择了两个或两个以上的图层时，单击相应的按钮可以将所选图层进行对齐。对齐方式包括"顶对齐" ▯、"垂直居中对齐" ▯、"底对齐" ▯、"左对齐" ▯、"水平居中对齐" ▯和"右对齐" ▯，另外还有一个"自动对齐图层" ▯。

分布图层：如果选择了3个或3个以上的图层，单击相应的按钮可以将所选图层按一定规则进行均匀分布排列。分布方式包括"按顶分布" ▯、"垂直居中分布" ▯、"按底分布" ▯、"按左分布" ▯、"水平居中分布" ▯和"按右分布" ▯。

1.在同一个文档中移动图像

在"图层"面板中选择要移动的对象所在的图层，如图2-47所示，然后在"工具箱"中选择"移动工具" ▶+，接着在画布中拖曳鼠标左键即可移动选中的对象，如图2-48所示。

图2-47

图2-48

2.在不同的文档间移动图像

打开两个或两个以上的文档，将光标放置在画布中，然后使用"移动工具" ▶+将选定的图像拖曳到另外一个文档的标题栏上，如图2-49所示，停留片刻后切换到目标文档，接着将图像移动到画面中，如图2-50所示，最后释放鼠标左键即可将图像拖曳到文档中，同时Photoshop会生成一个新的图层，如图2-51所示。

图2-49

图2-50

图2-51

提示

如果按住Shift键将一个图像拖曳到另外一个文档中，那么将保持这个图像在源文档中的位置自由变换。

2.7.2 自由变换

命令： "编辑＞自由变换" 菜单命令

作用： 在一个连续的操作中应用旋转、缩放、斜切、扭曲、透视和变形　**快捷键：** Ctrl+T

"自由变换" 命令可用于在一个连续的操作中应用变换（旋转、缩放、斜切、扭曲和透视），也可以应用变形变换，同时不必选取其他命令，只需在键盘上按住相关按键，即可在变换类型之间进行切换。

2.7.3 变换

"编辑＞变换" 菜单提供了各种变换命令，如图2-52所示。用这些命令可以对图层、路径、矢量图形，以及选区中的图像进行变换操作。另外，还可以对矢量蒙版和Alpha应用变换。

图2-52

1.缩放

命令： "编辑＞变换＞缩放" 菜单命令

作用： 对图像进行缩放

使用 "缩放" 命令可以对图像进行缩放。图2-53所示为原图，不按任何快捷键，可以任意缩放图像，如图2-54所示；如果按住Shift键，可以等比例缩放图像，如图2-55所示；如果按住快捷键Shift+Alt，可以以中心点为基准点等比例缩放图像，如图2-56所示。

图2-53

图2-54

图2-55

图2-56

2.旋转

命令： "编辑>变换>旋转" 菜单命令

作用：围绕中心点转动变换对象

使用 "旋转" 命令可以围绕中心点转动变换对象。如果不按住任何快捷键，可以任意角度旋转图像，如图2-57所示；如果按住Shift键，可以以15°为单位旋转图像，如图2-58所示。

图2-57

图2-58

3.斜切

命令： "编辑>变换>斜切" 菜单命令

作用：在任意方向上倾斜图像

使用 "斜切" 命令可以在任意方向上倾斜图像。如果不按住任何快捷键，可以在任意方向上倾斜图像，如图2-59所示；如果按住Shift键，可以在垂直或水平方向上倾斜图像。

图2-59

4.扭曲

命令： "编辑>变换>扭曲" 菜单命令

作用：在各个方向上伸展变换对象

使用 "扭曲" 命令可以在各个方向上伸展变换对象。如果不按住任何快捷键，可以在任意方向上扭曲图像，如图2-60所示；如果按住Shift键，可以在垂直或水平方向上扭曲图像，如图2-61所示。

图2-60

图2-61

5.透视

命令： "编辑>变换>透视" 菜单命令

作用：对变换对象应用单点透视

使用 "透视" 命令可以对变换对象应用单点透视。拖曳定界框4个角上的控制点，可以在水平或垂直方向上对图像应用透视，如图2-62和图2-63所示。

图2-62

图2-63

6.变形

命令： "编辑>变换>变形" 菜单命令

作用：对图像的局部内容进行扭曲

使用"变形"命令可以对图像的局部内容进行扭曲。执行该命令时，图像上将会出现变形网格和锚点，拖曳锚点或调整锚点的方向线可以对图像进行更加自由和灵活的变形处理，如图2-64所示。

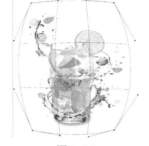

图2-64

7.水平翻转/垂直翻转

命令："编辑>变换>水平翻转/垂直翻转"菜单命令　作用：将图像在水平方向或垂直方向上进行翻转

使用"水平翻转"命令可以将图像在水平方向上进行翻转，如图2-65所示；执行"垂直翻转"命令可以将图像在垂直方向上进行翻转，如图2-66所示。

原图　　　　　　水平翻转

图2-65

原图　　　　　　垂直翻转

图2-66

 操作练习　制作电脑屏幕图像

» 实例位置　实例文件>CH02>操作练习：制作电脑屏幕图像.psd
» 素材位置　素材文件>CH02>素材05.jpg、素材06.jpg
» 视频名称　制作电脑屏幕图像.mp4
» 技术掌握　练习缩放和扭曲操作

本例主要讲解如何使用"缩放"和"扭曲"变换功能将图片放入笔记本电脑屏幕中。

01 按快捷键Ctrl+O打开学习资源中的"素材文件>CH02>素材05.jpg"文件，如图2-67所示。

02 执行"文件>置入"菜单命令，在弹出的对话框中选择学习资源中的"素材文件>CH02>素材06.jpg"文件，如图2-68所示。

图2-67　　　　　　图2-68

03 执行"编辑>变换>缩放"菜单命令，然后按住Shift键将照片缩小到与笔记本电脑屏幕相同的大小，如图2-69所示，缩放完成后暂时不要退出变换模式。

图2-69

04 在画布中单击鼠标右键，然后在弹出的菜单中选择"扭曲"命令，如图2-70所示，接着分别调整4个角上的控制点，使照片的4个角刚好与相框的4个角相吻合，如图2-71所示，最后按Enter键完成变换操作，最终效果如图2-72所示。

图2-70

图2-71

图2-72

操作练习　用变形制作破旧的足球

- » 实例位置　实例文件>CH02>操作练习：用变形制作破旧的足球.psd
- » 素材位置　素材文件>CH02>素材07.png、素材08.jpg
- » 视频名称　用变形制作破旧的足球.mp4
- » 技术掌握　变形图像的方法

本例主要讲解如何使用"变形"变换功能为足球增加破旧感。

01 按快捷键Ctrl+O打开学习资源中的"素材文件>CH02>素材07.png"文件，如图2-73所示。

图2-73

02 执行"文件>置入"菜单命令，在弹出的对话框中选择学习资源中的"素材文件>CH02>素材08.jpg"文件，如图2-74所示。

图2-74

03 执行"编辑>变换>缩放"菜单命令，然后按住Shift键将照片缩小到与足球相同的大小，并调整位置，如图2-75所示。

图2-75

04 执行"编辑>变换>变形"菜单命令，然后拖曳4个角上的锚点，使纹理图像完全裹住足球，如图2-76所示。

图2-76

05 选择纹理图像，然后设置该图层的"混合模式"为"深色"，如图2-77所示，最终效果如图2-78所示。

图2-77

图2-78

2.8 内容识别比例变换

"内容识别比例"命令可以在不更改重要可视内容（如人物、建筑、动物等）的情况下缩放图像大小。

命令："编辑>内容识别比例"菜单命令

作用：在不更改重要可视内容的情况下缩放图像大小　快捷键：Alt+Shift+Ctrl+C

常规缩放在调整图像大小时会统一影响所有像素，而"内容识别比例"命令主要影响没有重要可视内容区域中的像素，图2-79所示为原图，图2-80和图2-81所示分别是常规缩放和内容识别比例缩放效果。

图2-79

图2-80

图2-81

🖑 操作练习　用内容识别比例缩放图像

» 实例位置　实例文件>CH02>操作练习：用内容识别比例缩放图像.psd
» 素材位置　素材文件>CH02>素材09.jpg
» 视频名称　用内容识别比例缩放图像.mp4
» 技术掌握　内容识别比例功能的用法

本例主要讲解如何在压缩图片的同时保护人物图像不被压缩变形。

01 按快捷键Ctrl+O打开学习资源中的"素材文件>CH02>素材09.jpg"文件，如图2-82所示。

图2-82

02 按住Alt键双击"背景"图层的缩略图，如图2-83所示，将其转换为可编辑"图层0"，如图2-84所示。

42

图2-83

图2-84

提示

"背景"图层在默认情况下处于锁定状态，不能对其进行移动和变换等操作，必须将其转换为可编辑图层后才能进行下一步的操作。

03 执行"编辑>内容识别比例"菜单命令或按快捷键Alt+Shift+Ctrl+C，进入内容识别比例缩放状态，然后向左拖曳定界框右侧中间的控制点（在缩放过程中可以观察到人物几乎没有发生变形），如图2-85所示。缩放完成后，按Enter键完成操作。

图2-85

04 在"工具箱"中选择"裁剪工具" ，然后向左拖曳右侧中间的控制点，将透明区域裁剪掉，如图2-86所示，确定裁切区域后按Enter键确认操作，最终效果如图2-87所示。

图2-86

图2-87

2.9 综合练习

通过这一课的学习，读者可以学会Photoshop中的一些简单操作，运用这些简单的操作，同样能做出美观且适用的效果。

综合练习 矫正倾斜图片

- » 实例位置　实例文件>CH02>综合练习：矫正倾斜图片.psd
- » 素材位置　素材文件>CH02>素材10.jpg
- » 视频名称　矫正倾斜图片.mp4
- » 技术掌握　借助标尺和参考线对图片进行旋转和裁剪

很多时候，我们拍摄的图片都会有明显的倾斜问题，影响视觉效果，所以需要将拍摄的图片进行矫正。

01 按快捷键Ctrl+O打开学习资源中的"素材文件>CH02>素材10.jpg"文件，如图2-88所示。

图2-88

02 按住Alt键双击"背景"图层的缩略图，将其转换为可编辑"图层0"，如图2-89所示。

图2-89

03 按快捷键Ctrl+R显示出标尺，将光标放置在左侧的垂直标尺上，然后使用鼠标左键向右拖曳出垂直参考线，如图2-90所示。

图2-90

04 按快捷键Ctrl+ T进入自由变换状态，然后将图像顺时针旋转到如图2-91所示的角度。

图2-91

05 在"工具箱"中选择"裁剪工具"[图]，裁剪出真正的照片内容，去除画布周围的空白区域，如图2-92所示，即可完成倾斜照片的校正，最终效果如图2-93所示。

图2-92

图2-93

综合练习 制作证件照

» 实例位置 实例文件>CH02>综合练习：制作证件照.psd
» 素材位置 素材文件>CH02>素材11.jpg
» 视频名称 制作证件照.mp4
» 技术掌握 使用移动工具复制图像的方法

本例利用简单的移动、变换和裁剪命令制作证件照。

01 按快捷键Ctrl+O打开学习资源中的"素材文件>CH02>素材11.jpg"文件，如图2-94所示。

02 在"工具箱"中选择"裁剪工具"[图]，在其工具选项栏中设置约束比例为5×7，然后在图像中绘制裁剪区域，如图2-95所示，按Enter键确认，效果如图2-96所示。

 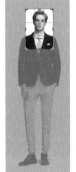 

图2-94   图2-95   图2-96

03 按快捷键Ctrl+N打开"新建"对话框，设置参数，如图2-97所示，然后使用移动工具[图]将处理好的图像拖曳至空白文档中，并调整到合适大小，如图2-98所示。

图2-97

图2-98

04 将光标移动到图像上，然后按住Alt键再使用移动工具 ▶️ 移动并复制2个图像，如图2-99所示，接着按住Shift键单击3个图像的图层将其选中，最后按照相同的方法移动并复制出剩下的6个图像，最终效果如图2-100所示。

图2-99　　　　　图2-100

2.10 课后习题

根据本课所讲的内容，安排了两个课后习题供读者练习。

📝课后习题 制作照片墙

» 实例位置　实例文件>CH02>课后习题：制作照片墙.psd
» 素材位置　素材文件>CH02>素材12.jpg~素材15.jpg、素材16.png
» 视频名称　制作照片墙.mp4
» 技术掌握　练习使用移动工具和自由变换的操作方法

本习题是将照片放到照片墙上，需要运用自由变换工具调整照片的大小和角度，使其与背景协调。

⊙ **制作提示**

第1步： 打开背景图片，如图2-101所示。

图2-101

第2步： 导入多张图片，然后运用"自由变换"命令调整图片的大小和位置，同时注意图片上下两边的弧度，效果如图2-102所示。

图2-102

第3步： 继续导入夹子素材，然后调整素材位置，最终效果如图2-103所示。

图2-103

课后习题 制作镜像美女

- » 实例位置　实例文件>CH02>课后习题：制作镜像美女.psd
- » 素材位置　素材文件>CH02>素材17.jpg
- » 视频名称　制作镜像美女.mp4
- » 技术掌握　掌握图像的基本变换和修改画布尺寸的方法

本习题是制作镜像美女图像，运用"自由变换"工具调整图像大小同时进行水平翻转，然后调整画布大小，使其适应图像尺寸。

⊙ 制作提示

第1步： 打开素材图片，然后将其解锁，调整图像大小，如图2-104所示。

第2步： 修改画布宽度，然后将图像移动至最左边，如图2-105所示。

第3步： 复制图像，然后将其水平翻转并移动，如图2-106所示。

第4步： 使用裁剪工具裁剪画布右边的空白区域，效果如图2-107所示。

图2-104

图2-105

图2-106

图2-107

2.11 本课笔记

选区

顾名思义,选区就是选择区域。在Photoshop中,使用选区工具选择范围是比较常用的一种方法。建立选区后,可对选区内的图像进行操作,选区外的区域则不受任何影响。

学习要点

» 选区的作用

» 熟悉基本选择工具

» 选区的基本操作方法

» 填充与描边选区的方法

» 存储与载入选区

» 选区的修改方法

» 其他常用的选择命令

3.1 选区的作用

如果要在Photoshop中处理图像的局部效果，就需要为图像指定一个有效的编辑区域，这个区域就是选区。通过选择特定区域，可以对该区域进行编辑并保持未选定区域不被改动。例如，要为图3-1中的嘴唇进行调色，这时就可以使用"快速选择工具" 或"钢笔工具" 将嘴唇勾选出来，如图3-2所示，然后单独对嘴唇进行调色，如图3-3所示。

图3-1　　　　　图3-2

图3-3

3.2 基本选择工具

Photoshop提供了很多选择工具和选择命令，它们都有各自的优势和劣势，针对不同的对象，可以使用不同的选择工具。基本选择工具包括"矩形选框工具"、"椭圆选框工具"、"单行选框工具"、"单列选框工具"、"套索工具"、"多边形套索工具"、"磁性套索工具"、"快速选择工具"和"魔棒工具"。熟练掌握这些基本工具的使用方法，可以快速地选择所需的选区。

3.2.1 选框工具组

选框工具组包括"矩形选框工具"、"椭圆选框工具"、"单行选框工具"、"单列选框工具"，它们的选项栏都是一样的，如图3-4所示。

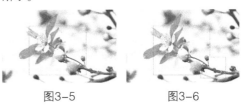

图3-4

选框工具选项介绍

新选区：激活该按钮以后，可以创建一个新选区，如图3-5所示。如果已经存在选区，新创建的选区将替代原来的选区。

添加到选区：激活该按钮以后，可以将当前创建的选区添加到原来的选区中（按住Shift键也可以实现相同的操作），如图3-6所示。

图3-5　　　　　图3-6

从选区减去：激活该按钮以后，可以将当前创建的选区从原来的选区中减去（按住Alt键也可以实现相同的操作），如图3-7所示。

与选区交叉：激活该按钮以后，新建选区时只保留原有选区与新创建的选区相交的部分（按住快捷键Alt+Shift也可以实现相同的操作），如图3-8所示。

图3-7　　　　　图3-8

羽化：主要用来设置选区的羽化范围，图3-9和图3-10所示分别是将"羽化"值设置为0像素和20像素时的边界效果。

图3-9

图3-10

提示

羽化选区时如果提醒用户选区边不可见，是因为所设置的"羽化"数值过大，以至于任何像素都不大于50%选择，所以Photoshop会弹出一个警告对话框，提醒用户羽化后的选区将不可见（选区仍然存在），如图3-11所示。

图3-11

消除锯齿：只有在使用"椭圆选框工具"和其他选区工具时，"消除锯齿"选项才可用。由于"消除锯齿"只影响边缘像素，因此不会丢失细节，在剪切、拷贝和粘贴选区图像时非常有用。图3-12和图3-13所示分别是关闭与勾选"消除锯齿"选项时的图像边缘效果。

图3-12　　　　　图3-13

样式：用来设置矩形选区的创建方法。当选择"正常"选项时，可以创建任意大小的矩形选区；当选择"固定比例"选项时，可以在右侧的"宽度"和"高度"输入框中输入数值，以创建固定比例的选区（如设置"宽度"为1、"高度"为2，创建出来的矩形选区的高度就是宽度的2倍）；当选择"固定大小"选项时，可以在右侧的"宽度"和"高度"输入框中输入数值，然后单击鼠标左键即可创建一

个固定大小的选区（单击"高度和宽度互换"按钮可以切换"宽度"和"高度"的数值）。

调整边缘：单击该按钮可以打开"调整边缘"对话框，如图3-14所示，在该对话框中可以对选区进行平滑、羽化等处理。

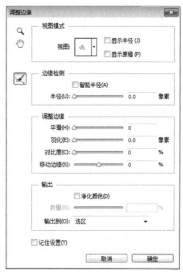
图3-14

对于形状比较规则的图案（如圆形、椭圆形、正方形、长方形），可以使用比较简单的"矩形选框工具"或"椭圆选框工具"进行选择，如图3-15和图3-16所示。

图3-15　　　　　图3-16

提示

由于图3-17中的照片是倾斜的，而使用"矩形选框工具"绘制出来的选区是没有倾斜角度的，这时可以执行"选择>变换选区"菜单命令，对选区进行旋转或其他调整，如图3-18所示。

图3-17　　　　　图3-18

1.矩形选框工具

"矩形选框工具" □主要用来制作矩形选区和正方形选区（按住Shift键可以创建正方形选区），如图3-19和图3-20所示。

图3-19　　　　　　图3-20

2.椭圆选框工具

"椭圆选框工具" ○主要用来制作椭圆选区和圆形选区（按住Shift键可以创建圆形选区），如图3-21和图3-22所示。

图3-21　　　　　　图3-22

3.单行/单列选框工具

使用"单行选框工具" ┉和"单列选框工具" ┋可以在图像中创建网格形选区。选择"单行选框工具" ┉，然后在图像中单击，创建单行选区，接着选择"单列选框工具" ┋，再在属性栏中单击"添加到选区"按钮 □，在图像中创建单列选区，常用来制作网格效果，如图3-23所示。

图3-23

3.2.2　套索工具组

套索工具组中的工具主要用于获取不规则的图像区域，手动性比较强，可以获得比较复杂的选区。套索工具组主要包含3种，即"套索工具" ○、"多边形套索工具" ⊵和"磁性套索工具" ⊵。

1.套索工具

使用"套索工具" ○可以非常自由地绘制出形状不规则的选区。选择"套索工具" ○，在图像上拖曳光标绘制选区边界，当松开鼠标左键时，选区将自动闭合，如图3-24和图3-25所示。

图3-24　　　　　　图3-25

提示

当使用"套索工具" ○绘制选区时，如果在绘制过程中按住Alt键，松开鼠标左键以后（不松开Alt键），Photoshop会自动切换到"多边形套索工具" ⊵。

2.多边形套索工具

"多边形套索工具" ⊵与"套索工具" ○使用方法类似。"多边形套索工具" ⊵适合于创建一些转角比较强烈的选区，如图3-26所示。

图3-26

提示

使用"多边形套索工具" ⊵绘制选区时按住Shift键，可以在水平方向、垂直方向或45°方向上绘制直线。另外，按Delete键可以删除最近绘制的直线。

3.磁性套索工具

"磁性套索工具"可以自动识别对象的边界，特别适合于快速选择与背景对比强烈且边缘复杂的对象，选项栏如图3-27所示。

图3-27

磁性套索工具选项介绍

宽度："宽度"值决定了以光标中心为基准，光标周围有多少个像素能够被"磁性套索工具"检测到。如果对象的边缘比较清晰，可以设置较大的值；如果对象的边缘比较模糊，可以设置较小的值，图3-28和图3-29所示分别是"宽度"值为20像素和200像素时检测到的边缘。

图3-28　　　　　　　　图3-29

提示

使用"磁性套索工具"勾画选区时，按住CapsLock键，光标会变成⊙形状，圆形的大小就是该工具能够检测到的边缘宽度。另外，按[键和]键可以调整检测宽度。

对比度：该选项主要用来设置"磁性套索工具"感应图像边缘的灵敏度。如果对象的边缘比较清晰，可以将该值设置得高一些；如果对象的边缘比较模糊，可以将该值设置得低一些。

频率：使用"磁性套索工具"勾画选区时，Photoshop会生成很多锚点，"频率"选项就是用来设置锚点的数量。数值越高，生成的锚点越多，捕捉到的边缘越准确，但是可能

会造成选区不够平滑，图3-30和图3-31所示分别是"频率"为10%和100%时生成的锚点。

图3-30　　　　　　　　图3-31

使用绘图板压力以更改钢笔宽度：如果计算机配有数位板和压感笔，可以激活该按钮，Photoshop会根据压感笔的压力自动调节"磁性套索工具"的检测范围。

提示

使用"磁性套索工具"时，套索边界会自动对齐图像的边缘，如图3-32所示。当勾选完比较复杂的边界时，还可以按住Alt键切换到"多边形套索工具"，以勾选转角比较强烈的边缘，如图3-33所示。

图3-32　　　　　　　　图3-33

3.2.3　自动选择工具组

自动选择工具可以通过识别图像中的颜色，快速绘制选区，包括"快速选择工具"和"魔棒工具"。

1.快速选择工具

使用"快速选择工具"可以利用可调整的圆形笔尖迅速地绘制出选区，当拖曳笔尖时，选取范围不但会向外扩张，而且还可以自动寻找并沿着图像的边缘来描绘边界，选项栏如图3-34所示。

图3-34

快速选择工具选项介绍

新选区 ☑：激活该按钮，可以创建一个新的选区。

添加到选区 ☑：激活该按钮，可以在原有选区的基础上添加新创建的选区。

从选区减去 ☑：激活该按钮，可以在原有选区的基础上减去当前绘制的选区。

画笔选择器：单击 ☐ 按钮，可以在弹出的"画笔"选择器中设置画笔的大小、硬度、间距、角度以及圆度，如图3-35所示。在绘制选区的过程中，可以按]键和[键增大或减小画笔的大小。

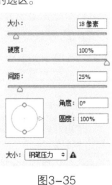

图3-35

2.魔棒工具

"魔棒工具" 🪄 不需要描绘出对象的边缘，就能选取颜色一致的区域，在实际工作中的使用频率相当高，选项栏如图3-36所示。

图3-36

魔棒工具选项介绍

取样大小：用于设置"魔棒工具" 🪄 的取样范围。选择"取样点"选项，可以对光标单击位置的像素进行取样；选择"3×3平均"选项，可以对光标单击位置3个像素区域内的平均颜色进行取样，其他选项也是如此。

容差：决定所选像素之间的相似性或差异性，其取值范围为0~255。数值越低，对像素的相似程度的要求越高，所选的颜色范围就越小，图3-37所示是"容差"为30时的选区效果；数值越高，对像素的相似程度的要求越低，所选的颜色范围就越广，图3-38所示是"容差"为60时的选区效果。

图3-37　　　　　　　　图3-38

连续：当勾选该选项时，只选择颜色连接的区域，如图3-39所示；当关闭该选项时，可以选择与所选像素颜色接近的所有区域，当然也包含没有连接的区域，如图3-40所示。

图3-39　　　　　　　　图3-40

对所有图层取样：如果文档中包含多个图层，如图3-41所示，当勾选该选项时，可以选择所有可见图层上颜色相近的区域，如图3-42所示；当关闭该选项时，仅选择当前图层上颜色相近的区域，如图3-43所示。

图3-41

图3-42　　　　　　　　图3-43

操作练习　制作杂志封面

» 实例位置　实例文件>CH03>操作练习：制作杂志封面.psd
» 素材位置　素材文件>CH03>素材01.jpg、素材02.psd
» 视频名称　制作杂志封面.mp4
» 技术掌握　运用磁性套索工具抠图

本例主要针对"磁性套索工具" 🔗 的用法进行练习，用"磁性套索工具" 🔗 抠图并制作杂志封面。

01 打开学习资源中的"素材文件>CH03> 素材01.jpg"文件，如图3-44所示，然后选择"磁性套索工具"，接着在该工具的选项栏中设置"羽化"为1.5像素、"宽度"为1像素。

图3-44

02 在人物的边缘单击鼠标左键，确定起点，如图3-45所示，然后沿着人物边缘移动光标，此时Photoshop会生成很多锚点，如图3-46所示。当勾画到起点处时单击起点或者按Enter键闭合选区，效果如图3-47所示。

图3-45

图3-46

图3-47

03 单击选项栏中的"从选区减去"按钮，然后在人物手臂和脸部内侧单击起点继续绘制选区，效果如图3-48所示。

图3-48

04 按快捷键Ctrl+J将选区内的图像拷贝到一个新的"图层1"中，然后隐藏"背景"图层，效果如图3-49所示。

图3-49

05 打开学习资源中的"素材文件>CH03>素

材02.psd"文件，然后将其拖曳到操作文件中，并调整大小，接着新建一个图层，再为图层填充白色，最后将白色图层移至最下面，最终效果如图3-50所示。

图3-50

提示

如果在勾画过程中生成的锚点位置远离了人物轮廓，可以按Delete键删除最近生成的一个锚点，然后继续绘制。

👆 操作练习　为图像换上沙滩背景

» 实例位置　实例文件>CH03>操作练习：为图像换上沙滩背景.psd
» 素材位置　素材文件>CH03>素材03.jpg、素材04.jpg
» 视频名称　为图像换上沙滩背景.mp4
» 技术掌握　运用魔棒工具抠图

本例主要针对"魔棒工具"的用法进行练习，使用"魔棒工具"抠图并制作合成图像。

01 打开学习资源中的"素材文件>CH03>素材03.jpg"文件，如图3-51所示。

图3-51

02 在工具箱中单击"魔棒工具"，然后在选项栏中设置"容差"为10，并勾选"消除锯齿"和"连续"选项，接着在白色背景的任意一个位置单击鼠标左键，选择容差范围内的区域，如图3-52所示，最后按住Shift键单击没有选中的白色背景区域，选中所有的白色背景，如图3-53所示。

图3-52

图3-53

03 按快捷键Shift+Ctrl+I反向选择选区，然后按快捷键Ctrl+J将选区内的图像拷贝到一个新的"图层1"中，接着隐藏"背景"图层，效果如图3-54所示。

图3-54

04 打开学习资源中的"素材文件>CH03>素材04.jpg"文件，然后将抠好的人物图像拖曳到操作界面中，得到"图层1"，接着调整大小，效果如图3-55所示。

图3-55

05 选择"魔棒工具" ，并在选项栏中设置"容差"为50，然后按快捷键Shift+Ctrl+J将选区内的图像剪切到一个新的"图层2"中，如图3-56所示，接着在图层面板中设置该图层的"不透明度"为25%，最终效果如图3-57所示。

图3-56

图3-57

3.3 选区的基本操作

选区的基本操作包括选区的运算（创建新选区、添加到选区、从选区减去与选区交叉）、移动与填充选区、全选与反选选区、隐藏与显示选区、存储与载入选区等。通过这些简单的操作，可以对选区进行任意处理。

3.3.1 移动选区

使用"矩形选框工具" 、"椭圆选框工具" 创建选区时，在松开鼠标左键之前，按住Space键（即空格键）拖曳光标，可以移动选区，如图3-58和图3-59所示。

图3-58

图3-59

提示

如果要小幅度移动选区，可以在创建完选区以后按键盘上的→、←、↑、↓键来进行移动。

另外，创建完选区以后，单击"套索工具" ，然后将光标放在选区内，如图3-60所示，拖曳光标也可以移动选区，如图3-61所示。

图3-60

图3-61

提示

创建完选区以后，如果要移动选区内的图像，可以按V键选择"移动工具" ⊞，然后将光标放在选区内，当光标变成剪刀状 ↘ 时，拖曳光标即可移动选区内的图像，如图3-62所示。

图3-62

3.3.2 填充选区

命令："编辑>填充"菜单命令 作用：在当前图层或选区内填充颜色或图案 快捷键：Shift+F5

利用"填充"命令可以在当前图层或选区内填充颜色或图案，同时也可以设置填充时的不透明度和混合模式。注意，文字图层和被隐藏的图层不能使用"填充"命令。

执行"编辑>填充"菜单命令或按快捷键Shift+F5，打开"填充"对话框，如图3-63所示。

图3-63

填充对话框选项介绍

内容：用来设置填充的内容，包含前景色、背景色、颜色、内容识别、图案、历史记录、黑色、50%灰色和白色。图3-64所示是一个橘子的选区，图3-65所示是使用图案填充选区后的效果。

图3-64　　　　　　　图3-65

模式：用来设置填充内容的混合模式，图3-66所示是设置"模式"为"叠加"后的填充效果。

不透明度：用来设置填充内容的不透明度，图3-67所示是设置"不透明度"为50%后的填充效果。

图3-66　　　　　　　图3-67

保留透明区域：勾选该选项以后，只填充图层中包含像素的区域，而透明区域不会被填充。

3.3.3 全选与反选选区

命令："选择>全部"菜单命令 作用：全选当前文档边界内的所有图像 快捷键：Ctrl+A

命令："选择>反向选择"菜单命令 作用：反向选择当前选择的图像 快捷键：Shift+Ctrl+I

执行"选择>全部"菜单命令或按快捷键Ctrl+A，可以选择当前文档边界内的所有图像，如图3-68所示。全选图像对拷贝整个文档中的图像非常有用。

图3-68

如图3-69所示，创建选区以后，执行"选择>反向选择"菜单命令或按快捷键Shift+Ctrl+I，可以反选选区，也就是选择图像中没有被选择的部分，如图3-70所示。

图3-69

图3-70

提示

创建选区以后，执行"选择>取消选择"菜单命令或快捷键Ctrl+D，可以取消选区状态。如果要恢复被取消的选区，可以执行"选择>重新选择"菜单命令。

3.3.4 隐藏与显示选区

命令："视图>显示>选区边缘"菜单命令

作用：将选区隐藏或将隐藏的选区显示出来

快捷键：Ctrl+H

创建选区以后，执行"视图>显示>选区边缘"菜单命令或按快捷键Ctrl+H，可以隐藏选区；如果要将隐藏的选区显示出来，可以再次执行"视图>显示>选区边缘"菜单命令或按快捷键Ctrl+H。

提示

隐藏选区后，选区仍然是存在的。

3.3.5 存储与载入选区

用Photoshop处理图像时，有时需要把已经创建好的选区存储起来，以便在需要的时候通过载入选区的方式将其快速载入图像中继续使用，这时候就需要存储与载入选区了。

1.存储选区

命令："选择>存储选区"菜单命令

作用：存储图像中已经创建好的选区

在图像中创建的选区，可以对其进行存储操作。执行"选择>存储选区"菜单命令，Photoshop会弹出"存储选区"对话框，进行相关设置后，单击"确定"按钮 确定 ，即可存储选区，如图3-71所示。

图3-71

2.载入选区

命令："选择>载入选区"菜单命令

作用：将存储的选区重新载入图像中

将选区存储起来以后，执行"选择>载入选区"菜单命令，Photoshop会弹出"载入选区"对话框，如图3-72所示，在其"文档"的下拉列表中选择保存的选区，在"通道"下拉列表中选择存储的通道的名称，在"操作"选项组中单击选中的"新建选区"单选按钮，再单击"确定"按钮，即可载入选区。

图3-72

提示

如果要载入单个图层的选区，可以按住Ctrl键单击该图层的缩略图。

3.3.6 变换选区

命令："选择>变换选区"菜单命令
作用：对选区进行移动、旋转、缩放等操作
快捷键：Alt+S+T

图3-73所示为创建选区，执行"选择>变换选区"菜单命令或按快捷键Alt+S+T，可以对选区进行移动、旋转、缩放等操作，图3-74~图3-76所示分别是移动、旋转和缩放选区。

图3-73

图3-74

图3-75

图3-76

提示

缩放选区时，按住Shift键可以等比例缩放选区；按住快捷键Shift+Alt，可以以中心点为基准点等比例缩放选区。

在选区变换状态下，在画布中单击鼠标右键，还可以选择其他变换方式，如图3-77所示。

图3-77

提示

选区变换和自由变换基本相同，这里就不重复讲解了。关于选区的变换操作，请参考第2课中"自由变换"下的相关内容。

3.4 选区的修改

选区的修改包括创建边界选区、平滑选区、扩展与收缩选区、羽化选区等。熟练掌握这些操作，对于快速选择需要的选区非常重要。

3.4.1 选区的基本修改方法

执行"选择>修改"菜单命令，弹出如图3-78所示的菜单，使用这些命令可以对选区进行编辑。

图3-78

1.创建边界选区

命令："选择>修改>边界"菜单命令
作用：将选区的边界向内或向外进行扩展

图3-79所示为创建选区，执行"选择>修改>边界"菜单命令，可以在弹出的"边界选区"对话框中将选区向两边扩展，扩展后的选区边界将与原来的选区边界形成新的选区，如图3-80所示。

图3-79   图3-80

2.平滑选区

命令："选择>修改>平滑"菜单命令
作用：将选区进行平滑处理

如图3-81所示，执行"选择>修改>平滑"菜单命令，可以在弹出的"平滑选区"对话框中将选区进行平滑处理，如图3-82所示。

图3-81   图3-82

3.扩展与收缩选区

命令："选择>修改>扩展"菜单命令
作用：将选区向外扩展
命令："选择>修改>收缩"菜单命令
作用：将选区向内收缩

如图3-83所示，执行"选择>修改>扩展"菜单命令，可以在弹出的"扩展选区"对话框中将选区向外进行扩展，如图3-84所示。

图3-83   图3-84

如果要向内收缩选区，可以执行"选择>修改>收缩"菜单命令，然后在弹出的"收缩选区"对话框中设置相应的"收缩量"数值即可，如图3-85所示。

图3-85

3.4.2 羽化选区

命令： "选择>修改>羽化"菜单命令
作用： 通过建立选区和选区周围像素之间的转换边界来模糊边缘　**快捷键：** Shift+F6

羽化选区是通过建立选区和选区周围像素之间的转换边界来模糊边缘，这种模糊方式将丢失选区边缘的一些细节。

可以先使用选框工具、套索工具等其他选区工具创建出选区，如图3-86所示，然后执行"选择>修改>羽化"菜单命令或按快捷键Shift+F6，在弹出的"羽化选区"对话框中定义选区的"羽化半径"，图3-87所示是设置"羽化半径"为20像素后的图像效果。

图3-86　　　　　　图3-87

提示

如果选区较小，而"羽化半径"设置得很大，Photoshop会弹出一个警告对话框，如图3-88所示。单击"确定"按钮 以后，表示应用当前设置的羽化半径，此时选区可能会变得非常模糊，以至于在画面中观察不到，但是选区仍然存在。

图3-88

操作练习 制作杯子贴图

» 实例位置　实例文件>CH03>操作练习：制作杯子贴图.psd
» 素材位置　素材文件>CH03>素材05.jpg、素材06.jpg
» 视频名称　制作杯子贴图.mp4
» 技术掌握　羽化功能的使用

本例主要针对选区的羽化功能进行练习，使用羽化功能制作出自然的贴图效果。

01 打开学习资源中的"素材文件>CH03>素材05.jpg、素材06.jpg"文件，然后将素材06.jpg拖曳到素材05.jpg文档中，并调整大小，如图3-89所示。

图3-89

02 将人物图层复制一份备用，然后按住Shift键使用"椭圆选框工具" 在人物图像的头部位置绘制圆形选区，如图3-90所示，接着执行"选择>修改>羽化"菜单命令或按快捷键Shift+F6打开"羽化选区"对话框，设置的参数如图3-91所示。

图3-90

图3-91

03 设置好参数后，执行"选择>反向"菜单命令或按快捷键Shift+Ctrl+I，得到反向选区，如图3-92所示。

04 按Delete键删除选区里的内容，效果如图3-93所示。

图3-92

图3-93

提示

在对图像进行处理的时候，如果图像是智能对象，那么就不能对其进行处理，图3-94中标记处的小图标就是智能对象缩览图。

这时可以使用鼠标右键单击该图层，在弹出的下拉菜单中选择"栅格化图层"，如图3-95所示，就可以对图像进行处理了。

图3-94   图3-95

05 按快捷键Ctrl+D取消选区，然后使用"移动工具" 将人物图像移动到杯子的中心位置，并调整大小，接着设置人物图层的"不透明度"为85%，最终效果如图3-96所示。

图3-96

3.5 其他常用选择命令

"色彩范围"命令可以根据图像中的某一颜色区域进行选择创建选区，"描边选区"是指沿已绘制或已存在的选区边缘创建边框效果。

3.5.1 色彩范围命令

"色彩范围"命令可根据图像的颜色范围创建选区，与"魔棒工具" 比较相似，但是该命令提供了更多的控制选项，因此选择精度也要高一些。

随意打开一张素材，如图3-97所示，然后执行"选择 > 色彩范围"菜单命令，打开"色彩范围"对话框，如图3-98所示。

图3-97

图3-98

色彩范围对话框选项介绍

选择：用来设置选区的创建方式。选择"取样颜色"选项时，光标会变成✐形状，将光标放置在画布中的图像上，或在"色彩范围"对话框中的预览图像上单击，可以对颜色进行取样，如图3-99所示；选择"红色""黄色""绿色""青色"等选项时，可以选择图像中特定的颜色，如图3-100所示；选择"高光""中间调"和"阴影"选项时，可以选择图像中特定的色调，如图3-101所示；选择"肤色"选项时，可以选择与皮肤相近的颜色；选择"溢色"选项时，可以选择图像中出现的溢色，如图3-102所示。

图3-99

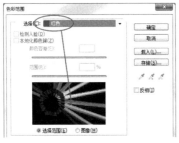

图3-100

图3-101

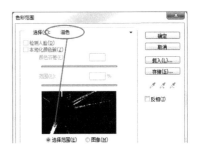

图3-102

颜色容差：用来控制颜色的选择范围。数值越高，包含的颜色越广，如图3-103所示；数值越低，包含的颜色越窄，如图3-104所示。

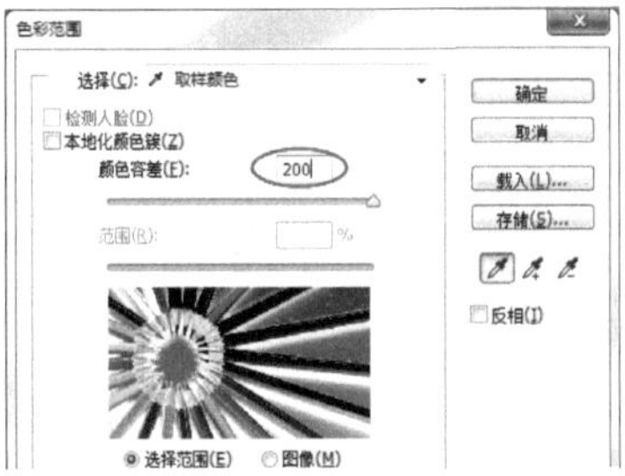

图3-103

图3-104

选区预览图：选区预览图下面包含"选择范围"和"图像"两个选项。当勾选"选择范围"选项时，预览区域中的白色代表被选择的区域，黑色代表未选择的区域，灰色代表被部分选择的区域（即有羽化效果的区域），如图3-105所示；当勾选"图像"选项时，预览区内会显示彩色图像，如图3-106所示。

图3-105

图3-106

3.5.2 描边选区

命令:"编辑>描边"菜单命令 **作用:**
在选区、路径或图层周围创建任意颜色的边
框 快捷键:Alt+E+S

使用"描边"命令可以在选区、路径或
图层周围创建任意颜色的边框。打开一张素
材,并创建出选区,如图3-107所示,然后执行
"编辑>描边"菜单命令或按快捷键Alt+E+S,
打开"描边"对话框,如图3-108所示。

图3-107 图3-108

描边对话框选项介绍

描边:该选项组主要用来设置描边的宽度
和颜色,图3-109和图3-110所示分别是不同
"宽度"和"颜色"的描边效果。

图3-109 图3-110

位置:设置描边相对于选区的位置,包

括"内部""居中"和
"居外"3个选项,如图
3-111~图3-113所示。

图3-111

图3-112 图3-113

混合:用来设置描边颜色的混合模式和不
透明度。如果勾选"保留透明区域"选项,则
只对包含像素的区域进行描边。

操作练习 为树叶更换颜色

» 实例位置 实例文件>CH03>操作练习:为树叶更换颜色.psd
» 素材位置 素材文件>CH03>素材07.jpg
» 视频名称 为树叶更换颜色.mp4
» 技术掌握 色彩范围命令的用法

调整图片局部色彩时,可以使用"色彩范围"命令将
需要调整的部分载入选区,然后进行调色。

01 打开学习资源中的
"素材文件>CH03>素
材07.jpg"文件,如图
3-114所示。

图3-114

02 执行"选择>色彩范围"菜单命令,然
后在弹出的"色彩范围"对话框中设置"选
择"为"取样颜色",勾选"本地化颜色簇"
选项,接着设置"颜色容差"为200,如图
3-115所示,最后在黄色方块上单击,如图
3-116所示,选区效果如图3-117所示。

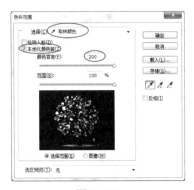

图3-115

图3-116　　　　图3-117

03 执行"图层>新建调整图层>色相/饱和度"菜单命令，打开"色相/饱和度"的"属性"面板，设置"色相"为+26，如图3-118所示，最终效果如图3-119所示。

图3-118　　　　图3-119

🖐 **操作练习** 为广告艺术字制作描边效果

» 实例位置　实例文件>CH03>操作练习：为广告艺术字制作描边效果.psd
» 素材位置　素材文件>CH03>素材08.jpg、素材09.png
» 视频名称　为广告艺术字制作描边效果.mp4
» 技术掌握　描边命令的用法

本例主要针对"描边选区"命令的用法进行练习，为文字添加描边效果。

01 打开学习资源中的"素材文件>CH03>素材08.jpg"文件，如图3-120所示。

图3-120

02 打开学习资源中的"素材文件>CH03>素材09.png"文件，然后将其移动到页面中心位置，如图3-121所示。

图3-121

03 选择文字素材图层，然后按住Ctrl键的同时单击该图层缩略图得到选区，如图3-122所示。

图3-122

04 执行"编辑>描边"菜单命令，然后在弹出的"描边"对话框中设置"宽度"为15像素、"颜色"为（R:250，G:251，B:232）、"位置"为"居外"，如图3-123所示，最终效果如图3-124所示。

图3-123

图3-124

3.6 综合练习

下面介绍两个有关选区的计算以及运用的综合练习。这两个练习相对于前面的操作练习来说，更具综合性、代表性，请读者务必掌握。

💻 综合练习 制作电视广告画面

» 实例位置　实例文件>CH03>综合练习：制作电视广告画面.psd
» 素材位置　素材文件>CH03>素材10.jpg、素材11.jpg
» 视频名称　制作电视广告画面.mp4
» 技术掌握　矩形选框工具、魔棒工具

本例使用"魔棒工具"抠取图像，同时运用自由变换将图片置入电视画面，形成一幅完整的电视广告画面。

01 打开学习资源中的"素材文件>CH03>素材10.jpg"文件，如图3-125所示。

02 打开学习资源中的"素材文件>CH03>素材11.jpg"文件，将其栅格化，如图3-126所示。

图3-125

图3-126

03 将热气球图层复制一份，然后使用"魔棒工具"单击背景，将天空载入选区，如图3-127所示，接着按Delete键将选区里的内容删掉，如图3-128所示。

04 选择之前的热气球图层，然后按快捷键Ctrl+T调整图像大小，如图3-129所示。

图3-127

图3-128

图3-131

图3-132

07 调整好位置后，将"不透明度"设置为100%，如图3-133所示，然后选择抠出来的热气球调整大小，接着复制一份并调整大小和位置，最终效果如图3-134所示。

图3-129

05 选择调整好大小的热气球图层，使用"矩形选框工具" ▦ 在图像下边绘制矩形选区，如图3-130所示。

图3-130

06 按Delete键将选区里的内容删掉，如图3-131所示，然后选择裁剪好的图像，按快捷键Ctrl+T调整图像形状，这里为了方便对齐电视的屏幕，可以将图像的透明度降低一些，如图3-132所示。

图3-133

图3-134

综合练习 合成科技人物场景

» 实例位置 实例文件>CH03>综合练习：合成科技人物场景.psd
» 素材位置 素材文件>CH03>素材12.jpg、素材13.jpg、素材14.png、素材15.png
» 视频名称 合成科技人物场景.mp4
» 技术掌握 熟练使用多种选区工具

本例选择蓝色背景体现科技感，同时抠出具有代表性的人物素材，加入其他装饰元素，合成一幅自然的场景。

01 打开学习资源中的"素材文件>CH03>素材12.jpg"文件，如图3-135所示。

图3-135

02 使用"多边形套索工具" 🔲在图像中电脑轮廓的周围连续单击创建选区，得到的选区效果如图3-136所示，然后按快捷键Alt+Delete将选区填充白色，如图3-137所示。

图3-136   图3-137

03 使用"魔棒工具" 🔍在图像空白区域单击得到选区，如图3-138所示，然后执行"选择>反向"菜单命令或按快捷键Shift+Ctrl+I将人物

载入选区，如图3-139所示。

图3-138   图3-139

04 为了让选区边缘更加柔和，执行"选择>修改>羽化"菜单命令或按快捷键Shift+F6打开"羽化选区"对话框，然后设置"羽化半径"为5像素，接着按快捷键Ctrl+J拷贝选区内的图像，如图3-140所示。

图3-140

05 打开学习资源中的"素材文件>CH03>素材13.jpg"文件，将抠好的人物拖曳到这个背景上，如图3-141所示。

图3-141

06 打开学习资源中的"素材文件>CH03>素材

14.png"文件,如图3-142所示,然后执行"编辑>自由变换"菜单命令或按快捷键Ctrl+T,调整素材大小,接着将其移动到人物手上,如图3-143所示。

图3-142　　　　图3-143

07 打开学习资源中的"素材文件>CH03>素材15.png"文件,将其放在背景上调整位置,效果如图3-144所示。

08 新建图层并填充黑色,如图3-145所示,然后执行"滤镜>渲染>镜头光晕"菜单命令,打开"镜头光晕"对话框,接着设置"亮度"为100%、"镜头类型"为"50-300毫米变焦(Z)",如图3-146所示。

图3-144　　　　图3-145

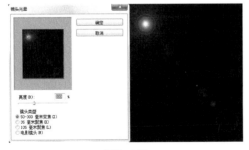

图3-146

09 将光晕效果图层的"混合模式"设置为"滤色",最终效果如图3-147所示。

图3-147

提示

初学者在使用多边形套索工具、磁性套索工具等工具绘制选区的时候,会出现绘制的锚点偏离对象边缘的情况,这时可以按快捷键Ctrl+Z撤销上一步操作。要是需要撤销的步骤较多,可以执行"编辑>后退一步"菜单命令,或按快捷键Ctrl+Alt+Z。通过撤销,可以重新绘制选区,直到达到满意的效果。

3.7 课后习题

通过对这一课的学习,相信读者对选区的计算以及作用都有了深入的了解,下面通过两个课后习题来巩固前面所学到的知识。

📝**课后习题** 制作古风台历

» 实例位置　实例文件>CH03>课后习题:制作古风台历.psd
» 素材位置　素材文件>CH03>素材16.jpg、素材17.png
» 视频名称　制作古风台历.mp4
» 技术掌握　羽化选区

本习题运用选区的"羽化"命令将图像边缘进行羽化,使其与背景自然地融合在一起。

⊙ 制作提示

第1步： 打开素材图片，调整其大小，如图3-148所示。

图3-148

第2步： 载入图片选区，然后调整羽化值，反选选区，接着删除选区内容，如图3-149所示。

图3-149

第3步： 导入素材，然后输入文字，得到最终效果，如图3-150所示。

图3-150

课后习题 制作皮鞋网页广告

» 实例位置　实例文件>CH03>课后习题：制作皮鞋网页广告.psd
» 素材位置　素材文件>CH03>素材18.jpg~素材20.jpg
» 视频名称　制作皮鞋网页广告.mp4
» 技术掌握　将两张图片自然融合

本例同样运用"羽化"命令将图像四周进行羽化，使其与黑色的背景自然融合，搭配倒影效果，制作出动感十足的网页广告。

⊙ 制作提示

第1步： 打开多张所需的素材图片，然后移动到合适的位置，如图3-151所示。

图3-151

第2步： 选择人物图层，然后新建一个图层，使用"渐变工具"拖曳渐变效果，如图3-152所示。

图3-152

第3步： 选择城市图层，绘制选区，然后适当羽化，反选选区，删除掉选区里的内容，如图3-153所示。

图3-153

第4步：选择鞋子图层，抠出鞋子，然后复制一份，进行水平翻转，制作倒影效果，如图3-154所示。

图3-154

第5步：绘制白色色块，输入文字，最终效果如图3-155所示。

图3-155

3.8 本课笔记

第 4 课

绘画和图像修饰

使用Photoshop的绘制工具不仅能够绘制出传统意义上的插画，而且还能自定义画笔，绘制出想要的纹理图案，同时也能轻松地将带有缺陷的照片进行美化处理。

学习要点

- » 颜色的设置
- » 画笔工具组
- » 图像修复工具组
- » 图像擦除工具组
- » 图像润饰工具组
- » 填充工具组

4.1 颜色的设置

任何图像都离不开颜色，使用Photoshop的画笔、文字、渐变、填充、蒙版、描边等工具修饰图像时，都需要设置相应的颜色。Photoshop中提供了很多种选取颜色的方法。

4.1.1 设置前景色与背景色

Photoshop"工具箱"的底部有一组前景色和背景色设置按钮，如图4-1所示。默认情况下，前景色为黑色，背景色为白色。

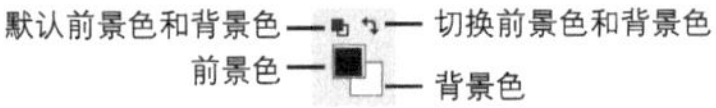

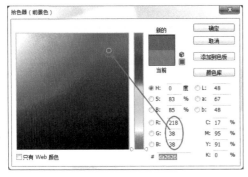

图4-1

前/背景色设置工具介绍

前景色：单击前景色图标，可以在弹出的"拾色器（前景色）"对话框中选取一种颜色作为前景色，如图4-2所示。

图4-2

背景色：单击背景色图标，可以在弹出的"拾色器（背景色）"对话框中选取一种颜色作为背景色，如图4-3所示。

切换前景色和背景色：单击"切换前景色和背景色"图标，可以切换所设置的前景色和背景色（快捷键为X键），如图4-4所示。

默认前景色和背景色：单击"默认前景色和背景色"图标，可以恢复默认的前景色和背景色（快捷键为D键），如图4-5所示。

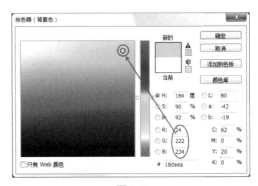

图4-3

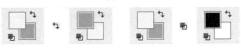

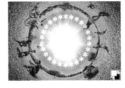　　　

图4-4　　　　　　　图4-5

在Photoshop中，前景色通常用于绘制图像、填充和描边选区等，如图4-6所示；背景色常用于生成渐变填充和填充图像中已抹除的区域，如图4-7所示。

图4-6　　　　　　　图4-7

提示

一些特殊滤镜也需要使用前景色和背景色，如"纤维"滤镜和"云彩"滤镜等。

4.1.2 用吸管工具设置颜色

使用"吸管工具"可以在打开图像的任何位置采集色样作为前景色或背景色（按住Alt键可以吸取背景色），如图4-8和图4-9所示，其选项栏如图4-10所示。

图4-8　　　　　　　图4-9

图4-10

吸管工具选项介绍

取样大小：设置吸管取样范围的大小。选择"取样点"选项时，可以选择像素的精确颜色；选择"3×3平均"选项时，可以选择所在位置3个像素区域以内的平均颜色；选择"5×5平均"选项时，可以选择所在位置5个像素区域以内的平均颜色。其他选项以此类推。

样本：可以从"当前图层""当前和下方图层""所有图层""所有无调整图层""当前和下一个无调整图层"中采集颜色。

显示取样环：勾选该选项以后，可以在拾取颜色时显示取样环，如图4-11所示。

图4-11

提示

默认情况下，"显示取样环"选项处于不可用状态，需要启用"使用图形处理器"功能才能勾选"显示取样环"选项。执行"编辑>首选项>性能"菜单命令，打开"首选项"对话框，然后在"图形处理器设置"选项组下勾选"使用图形处理器"选项，如图4-12所示。开启"使用图形处理器"功能后，重启Photoshop就可以勾选"显示取样环"选项了。

图4-12

4.2 画笔工具组

使用Photoshop的绘制工具不仅能够绘制出传统意义上的插画，也能够对数码相片进行美化处理，同时还能够对数码相片制作各种特效。Photoshop中的画笔工具组包括"画笔工具"、"铅笔工具"、"颜色替换工具"和"混合器画笔工具"，这里比较常用的是前面3种工具。

4.2.1 画笔面板

在认识其他绘制工具及修饰工具之前，首先需要掌握"画笔"面板。"画笔"面板是重要的面板之一，可以设置绘画工具、修饰工具的笔刷种类、画笔大小和硬度等属性。

打开"画笔"面板的方法主要有以下4种。

第1种：在"工具箱"中选择"画笔工具"，然后在选项栏中单击"切换画笔面板"按钮。

第2种：执行"窗口>画笔"菜单命令。

第3种：直接按F5键。

第4种：在"画笔预设"面板中单击"切换画笔面板"按钮。

打开的"画笔"面板如图4-13所示。

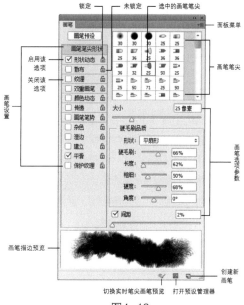

图4-13

画笔面板选项介绍

画笔预设：单击该按钮，可以打开"画笔预设"面板。

画笔设置：单击这些画笔设置选项，可以切换到与该选项相对应的面板。

启用/关闭选项：处于勾选状态的选项代表启用状态，处于未勾选状态的选项代表关闭状态。

锁定🔒/未锁定🔓：🔒图标代表该选项处于锁定状态，🔓图标代表该选项处于未锁定状态。锁定与解锁操作可以相互切换。

选中的画笔笔尖：显示处于选择状态的画笔笔尖。

画笔笔尖：显示Photoshop提供的预设画笔笔尖。

面板菜单：单击▤图标，可以打开"画笔"面板的菜单。

画笔选项参数：用来设置画笔的相关参数。

画笔描边预览：选择一个画笔以后，可以在预览框中预览该画笔的外观形状。

切换实时笔尖画笔预览 ✑：使用毛刷笔尖时，在画布中实时显示笔尖的形状。

打开预设管理器 ▦：单击该按钮可以打开"预设管理器"对话框。

创建新画笔 ▢：将当前设置的画笔保存为一个新的预设画笔。

4.2.2 画笔工具

"画笔工具" ✏ 与毛笔比较相似，可以使用前景色绘制出各种线条，同时也可以利用它来修改通道和蒙版，是一种使用频率较高的工具，其选项栏如图4-14所示。

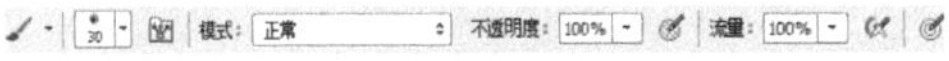

图4-14

画笔工具选项介绍

画笔预设选取器：单击⋮图标，可以打开"画笔预设"选取器，在这里可以选择笔尖，设置画笔的"大小"和"硬度"。

切换画笔面板▣：单击该按钮，可以打开"画笔"面板。

模式：设置绘画颜色与下面现有像素的混合方法，图4-15和图4-16所示分别是使用"正常"模式和"溶解"模式绘制的笔迹效果。

不透明度：设置画笔绘制出来的颜色的不透明度。数值越大，笔迹的不透明度越高，图4-17所

示是设置"不透明度"值为100%时绘制的笔迹效果；数值越小，笔迹的不透明度越低，图4-18所示是设置"不透明度"值为60%时绘制的笔迹效果。

图4-15

图4-16

图4-17

图4-18

流量：设置当将光标移到某个区域上方时应用颜色的速率。在某个区域上方进行绘画时，如果一直按住鼠标左键，颜色量将根据流动速率增大，直至达到"不透明度"设置。例如，如果将"不透明度"和"流量"都设置为10%，则每次移到某个区域上方时，其颜色会以10%的比例接近画笔颜色。除非释放鼠标左键并再次在该区域上方绘画，否则总量将不会超过10%的"不透明度"。

启用喷枪样式的建立效果☑：激活该按钮以后，可以启用"喷枪"功能，Photoshop会根据鼠标左键的单击程度确定画笔笔迹的填充数量。例如，关闭"喷枪"功能时，每单击一次会绘制一个笔迹，如图4-19所示；而启用"喷枪"功能以后，按住鼠标左键不放，即可持续绘制笔迹，如图4-20所示。

图4-19

图4-20

提示

由于"画笔工具" ✐非常重要，这里总结一下使用该工具绘画时的5点技巧。

第1点：在英文输入法状态下，可以按[键和]键来减小或增大画笔笔尖的"大小"值。

第2点：按快捷键Shift+[和Shift+]可以减小和增大画笔的"硬度"值。

第3点：按数字键1~9来快速调整画笔的"不透明度"，数字1~9分别代表10%~90%的"不透明度"。如果要设置100%的"不透明度"，可以直接按0键。

第4点：按住Shift+1~9的数字键，可以快速设置"流量"值。

第5点：按住Shift键可以绘制出水平、垂直的直线，或是以45°为增量的直线。

始终对大小使用压力 ✐：使用压感笔压力可以覆盖"画笔"面板中的"不透明度"和"大小"设置。

提示

如果使用数位板绘画，则可以在"画笔"面板和选项栏中通过设置钢笔压力、角度、旋转或光笔轮来控制应用颜色的方式。

4.2.3 颜色替换工具

使用"颜色替换工具" ✐可以将选定的颜色替换为其他颜色，其选项栏如图4-21所示。

图4-21

颜色替换工具选项介绍

模式：选择替换颜色的模式，包括"色相""饱和度""颜色""明度"。当选择"颜色"模式时，可以同时替换色相、饱和度和明度。图4-22是一张原图，图4-23和图4-24分别是用"颜色"和"饱和度"模式绘制的替换效果。

取样：用来设置颜色的取样方式。激活"取样:连续"按钮✐以后，拖曳光标时，可

以对整个图像的颜色进行更改，如图4-25所示；激活"取样:一次"按钮✐以后，只替换包含第1次单击的颜色区域中的目标颜色，如图4-26所示；激活"取样:背景色板"按钮✐以后，只替换包含当前背景色的区域，如图4-27所示。

图4-22　　　　　　　图4-23

图4-24　　　　　　　图4-25

图4-26　　　　　　　图4-27

限制：当选择"不连续"选项时，可以替换出现在光标下任何位置的样本颜色；当选择"连续"选项时，只替换与光标下的颜色接近的颜色；当选择"查找边缘"选项时，可以替换包含样本颜色的连接区域，同时保留形状边缘的锐化程度。

容差：用来设置"颜色替换工具" ✐的容差，图4-28和图4-29所示分别是"容差"为20%和100%时的颜色替换效果。

图4-28　　　　　　　图4-29

消除锯齿：勾选该选项以后，可以消除颜色替换区域的锯齿效果，从而使图像变得平滑。

» 实例位置　实例文件>CH04>操作练习：制作裂痕皮肤.psd
» 素材位置　素材文件>CH04>素材01.jpg、素材02.abr
» 视频名称　制作裂痕皮肤.mp4
» 技术掌握　预设画笔与外部画笔之间的搭配运用

本例主要针对"载入画笔"的方法和"画笔工具"✎的用法进行练习，使用"画笔工具"✎制作裂痕皮肤效果。

01 打开学习资源中的"素材文件>CH04>素材01.jpg"文件，如图4-30所示。

图4-30

02 在"工具箱"中选择"画笔工具"✎，然后在画布中单击鼠标右键，并在弹出的"画笔预设"选取器中单击✿.图标，接着在弹出的菜单中选择"载入画笔"命令，最后在弹出的"载入"对话框中选择学习资源中的"素材文件>CH04>素材02.abr"文件，如图4-31所示。

图4-31

提示

这里我们使用了外部画笔来绘制裂纹，是因为使用Photoshop预设的画笔资源很难绘制出裂痕效果，因此为了提高工作效率，建议使用外部资源来完成。

03 新建一个名称为"裂痕"的图层，然后选择上一步载入的裂痕画笔，如图4-32所示，设置前景色为（R:57，G:12，B:0），在人物脸部绘制出裂痕效果（单击一次即可），如图4-33所示。

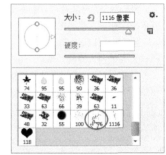

图4-32

图4-33

04 选择另外一个裂痕画笔，如图4-34所示，然后设置前景色为黑色，接着在肩部和颈部绘制出裂痕，如图4-35所示。

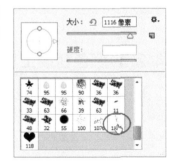

图4-34

图4-35

05 在"工具箱"中选择"橡皮擦工具" ，然后擦除超出人物区域的裂痕，最终效果如图4-36所示。

图4-36

操作练习 快速更改果肉颜色

» 实例位置　实例文件>CH04>操作练习：快速更改果肉颜色.psd
» 素材位置　素材文件>CH04>素材03.jpg
» 视频名称　快速更改果肉颜色.mp4
» 技术掌握　颜色替换工具的用法

本例主要针对"颜色替换工具"的使用方法进行练习，使用"颜色替换工具"更改果肉颜色。

01 打开学习资源中的"素材文件>CH04>素材03.jpg"文件，如图4-37所示。

图4-37

02 使用"快速选择工具"将切开的水果载入选区，如图4-38所示。

图4-38

03 设置前景色为（R:255，G:48，B: 0），然后在"工具箱"中选择"颜色替换工具"，在选项栏中设置好各项参数，如图4-39所示，最后在选区中涂抹，如图4-40所示。

图4-39

图4-40

04 运用同样的方法对另一块水果进行同样的操作，最终效果如图4-41所示。

图4-41

4.3　图像修复工具组

通常情况下，拍摄出的数码照片经常会出现各种缺陷，使用Photoshop的图像修复工具可以轻松修复带有缺陷的照片。修复工具包括"仿制图章工具"、"图案图章工具"、"污点修复画笔工具"、"修复画笔工具"、"修补工具"、"内容感知移动工具"等，下面着重介绍几种常用的工具。

4.3.1　污点修复画笔工具

使用"污点修复画笔工具"可以消除图像中的污点和某个对象，如图4-42所示。单击"污点修复画笔工具"，在污点处单击鼠标左键即可修复，效果如图4-43所示。

图4-42

图4-43

"污点修复画笔工具" 不需要设置取样点,它可以自动从所修饰区域的周围进行取样,其选项栏如图4-44所示。

图4-44

污点修复画笔工具选项介绍

模式:用来设置修复图像时使用的混合模式。除"正常""正片叠底"等常用模式以外,还有一个"替换"模式,该模式可以保留画笔描边的边缘处的杂色、胶片颗粒和纹理,图4-45所示是原始图像,图4-46~图4-53所示是所有的模式修复效果。

原图 图4-45

正常 图4-46

替换 图4-47

正片叠底 图4-48

滤色 图4-49

变暗 图4-50

变亮 图4-51

颜色 图4-52

明度 图4-53

类型:用来设置修复的方法。选择"近似匹配"选项时,可以使用选区边缘周围的像素来查找要用作选定区域修补的图像区域,如图4-54所示;选择"创建纹理"选项时,可以使用选区中的所有像素创建一个用于修复该区域的纹理,如图4-55所示;选择"内容识别"选项时,可以使用选区周围的像素进行修复,如图4-56所示。

图4-54

图4-55

图4-56

4.3.2 修复画笔工具

"修复画笔工具" 可以校正图像的瑕

疵，与"仿制图章工具"![icon]一样，它也可以用图像中的像素作为样本进行绘制。但是，"修复画笔工具"![icon]还可将样本像素的纹理、光照、透明度和阴影与所修复的像素进行匹配，从而使修复后的像素不留痕迹地融入图像的其他部分，如图4-57和图4-58所示，其选项栏如图4-59所示。

图4-57 　　　　　图4-58

图4-60

图4-61

图4-59

修复画笔工具选项介绍

源：设置用于修复像素的源。选择"取样"选项时，可以使用当前图像的像素来修复图像；选择"图案"选项时，可以使用某个图案作为取样点。

对齐：勾选该选项以后，可以连续对像素进行取样，即使释放鼠标也不会丢失当前的取样点；关闭"对齐"选项以后，则会在每次停止并重新开始绘制时使用初始取样点中的样本像素。

4.3.3 修补工具

"修补工具"![icon]可以利用样本或图案来修复所选图像区域中不理想的部分，如图4-60所示，选择"修补工具"![icon]，将图像中需要修补的部分框入选区，然后将选区移动到干净的区域，重复操作直至图像完全干净，效果如图4-61所示，其选项栏如图4-62所示。

图4-62

修补工具选项介绍

修补：包含"正常"和"内容识别"两种方式。

正常：创建选区以后，如图4-63所示，选择"源"选项，将选区拖曳到要修补的区域，松开鼠标左键就会用当前选区中的图像修补原来选中的内容，如图4-64所示；选择"目标"选项时，则会将选中的图像复制到目标区域，如图4-65所示。

图4-63

图4-64

图4-65

内容识别：选择这种修补方式以后，可以在后面的"适应"下拉列表中选择一种修复精度，如图4-66所示，图4-67和图4-68所示分别是设置"适应"为"中"和"非常松散"时的修补效果。

图4-66

图4-67

图4-68

4.3.4 内容感知移动工具

"内容感知移动工具" 可以将选中的对象移动或复制到图像的其他地方，并重组新的图像，其选项栏如图4-69所示。

图4-69

内容感知移动工具选项介绍

模式：包含"移动"和"扩展"两种模式。

移动：用"内容感知移动工具" 创建选区以后，如图4-70所示，将选区移动到其他位置，可以将选区中的图像移动到新位置，并用选区图像填充该位置，如图4-71和图4-72所示。

图4-70

图4-71

图4-72

扩展：用"内容感知移动工具" 创建选区以后，将选区移动到其他位置，可以将选区中的图像复制到新位置，如图4-73和图4-74所示。

图4-73

图4-74

适应：用于选择修复的精度。

4.3.5 红眼工具

使用"红眼工具"  可以去除由闪光灯导致的红色反光。见图4-75，选择"红眼工具" ，使用鼠标左键在人物红眼区域单击，效果如图4-76所示，其选项栏如图4-77所示。

原图 图4-75 　　　　修复后 图4-76

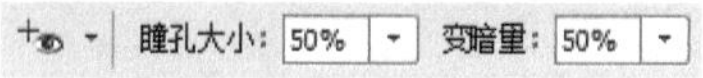

图4-77

红眼工具选项介绍

瞳孔大小：用来设置瞳孔的大小，即眼睛暗色中心的大小。

变暗量：用来设置瞳孔的暗度。

提示

为了避免出现红眼，除了可以在Photoshop中进行矫正以外，还可以使用相机的红眼消除功能来消除红眼。

🖐 操作练习 修复不完美照片

» 实例位置　实例文件>CH04>操作练习：修复不完美照片.psd
» 素材位置　素材文件>CH04>素材04.jpg
» 视频名称　修复不完美照片.mp4
» 技术掌握　红眼工具的用法

本例主要针对修复工具组里的相关工具的使用方法进行练习，修复一张不完美的照片。

`01` 打开学习资源中的"素材文件>CH04>素材04.jpg"文件，如图4-78所示。

`02` 放大图像会发现，人物除了有红眼以外，脸上也有很多雀斑，很不美观，如图4-79所示。

图4-78 　　　　　　图4-79

`03` 在"工具箱"中选择"红眼工具" ，然后使用鼠标左键在左眼处绘制一个矩形区域，如图4-80所示，松开鼠标左键后，红眼就会变暗，如图4-81所示，接着继续使用"红眼工具"  对右眼进行修复，效果如图4-82所示。

图4-80 　　　　　　图4-81

图4-82

`04` 选择"修复画笔工具" ，然后在选项栏中设置画笔的"大小"为70像素、"硬度"为0%，如图4-83所示。

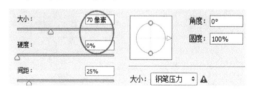

图4-83

`05` 按住Alt键在干净的皮肤上单击鼠标左键进行取样，如图4-84所示，然后在雀斑上单击鼠标左键消除雀斑，如图4-85所示，消除雀斑后的效果如图4-86所示。

图4-84

图4-85　　　　　　图4-86

06 选择"修补工具" 🔘，然后沿着脸部边缘雀斑绘制出选区，如图4-87所示，接着使用鼠标左键将选区向左拖曳，当选区内没有显示出雀斑时松开鼠标左键，如图4-88所示，最后按快捷键Ctrl+D取消选区，效果如图4-89所示。

07 使用同样的方法修复左边脸部的雀斑，如图4-90所示，最终效果如图4-91所示。

图4-87　　　　　　图4-88

图4-89　　　　　　图4-90

图4-91

4.4　图像擦除工具组

图像擦除工具主要用来擦除多余的图像。Photoshop提供了3种擦除工具，分别是"橡皮擦工具" 🖌️、"背景橡皮擦工具" 🖌️和"魔术橡皮擦工具" 🖌️。

4.4.1　橡皮擦工具

使用"橡皮擦工具" 🖌️可以将像素更改为背景色或透明，其选项栏如图4-92所示。如果使用该工具在"背景"图层或锁定了透明像素的图层中进行擦除，则擦除的像素将变成背景色，如图4-93所示；如果在普通图层中进行擦除，则擦除的像素将变成透明，如图4-94所示。

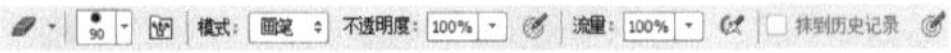

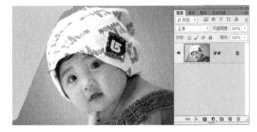

图4-92

图4-93

图4-94

橡皮擦工具选项介绍

模式：选择橡皮擦的种类。选择"画笔"选项时，可以创建柔边（也可以创建硬边）擦除效果，如图4-95所示；选择"铅笔"选项时，可以创建硬边擦除效果，如图4-96所示；选择"块"选项时，擦除的效果为块状，如图4-97所示。

图4-95

图4-96

图4-97

不透明度：用来设置"橡皮擦工具" 的擦除强度。设置为100%时，可以完全擦除像素。当设置"模式"为"块"时，该选项不可用。

流量：用来设置"橡皮擦工具" 的擦除速度，图4-98和图4-99所示分别是设置"流量"为35%和100%时的擦除效果。

图4-98

图4-99

抹到历史记录：勾选该选项以后，"橡皮擦工具" 的作用相当于"历史记录画笔工具" 。

4.4.2 背景橡皮擦工具

"背景橡皮擦工具" 是一种智能化的橡皮擦。设置好背景色以后，使用该工具可以在抹除背景的同时保留前景对象的边缘，如图4-100和图4-101所示，其选项栏如图4-102所示。

图4-100

图4-101

图4-102

背景橡皮擦工具选项介绍

取样：用来设置取样的方式。激活"取样：连续"按钮 ，在拖曳鼠标时可以连续对颜色进行取样，凡是出现在光标中心十字线以内的图像都将被擦除，如图4-103所示；激活"取样：一次"按钮 ，只擦除包含第1次单击处颜色的图像，如图4-104所示；激活"取样：背景色板"按钮 ，只擦除包含背景色的图像，如图4-105所示。

图4-103

图4-104

图4-105

限制：设置擦除图像时的限制模式。选择"不连续"选项时，可以擦除出现在光标下任何位置的样本颜色；选择"连续"选项时，只擦除包含样本颜色并且相互连接的区域；选择"查找边缘"选项时，可以擦除包含样本颜色的连接区域，同时更好地保留形状边缘的锐化程度。

容差：用来设置颜色的容差范围。

保护前景色：勾选该项以后，可以防止擦除与前景色匹配的区域。

提示

"背景橡皮擦工具" 📷 的功能非常强大，它除了可以擦除图像以外，最重要的是可以运用在抠图中。

4.4.3 魔术橡皮擦工具

使用"魔术橡皮擦工具" 📷 在图像中单击时，可以将所有相似的像素更改为透明（如果在已锁定了透明像素的图层中工作，这些像素将更改为背景色），其选项栏如图4-106所示。

图4-106

魔术橡皮擦工具选项介绍

容差：用来设置可擦除的颜色范围。

消除锯齿：可以使擦除区域的边缘变得平滑。

连续：勾选该选项时，只擦除与单击点像素邻近的像素；关闭该选项时，可以擦除图像中所有相似的像素。

不透明度：用来设置擦除的强度。值为100%时，将完全擦除像素；较低的值可以擦除部分像素。

4.5 图像润饰工具组

使用"模糊工具" 🄀 、"锐化工具" 🄂 和"涂抹工具" 🗺，可以对图像进行模糊、锐化和涂抹处理；使用"减淡工具" 🔍 、"加深工具" 🖐 和"海绵工具" 🍥，可以对图像局部的明暗、饱和度等进行处理。

4.5.1 模糊工具

使用"模糊工具" 🄀 可柔化硬边缘或减少图像中的细节，其选项栏如图4-107所示。使用该工具在某个区域上方绘制的次数越多，该区域就越模糊。

图4-107

模糊工具选项介绍

模式：用来设置"模糊工具" 🄀 的混合模式，包括"正常""变暗""变亮""色相""饱和度""颜色""明度"。

强度：用来设置"模糊工具" 🄀 的模糊强度。

4.5.2 锐化工具

使用"锐化工具" 🄂 可以增强图像中相邻像素之间的对比，以提高图像的清晰度，如图4-108和图4-109所示，其选项栏如图4-110所示。

原图　图4-108　　　锐化后　图4-109

图4-110

提示

"锐化工具" 🄂 的选项栏只比"模糊工具" 🄀 多了一个"保护细节"选项。勾选该选项后，在进行锐化处理时，将对图像的细节进行保护。

4.5.3 涂抹工具

使用"涂抹工具" 🗺 可以模拟手指划过湿

油漆时所产生的效果，如图4-111和图4-112所示。该工具可以拾取鼠标单击处的颜色，并沿着拖曳的方向展开这种颜色，其选项栏如图4-113所示。

原图　图4-111　　　　涂抹后　图4-112

图4-113

涂抹工具选项介绍

强度：用来设置"涂抹工具" 的涂抹强度。

手指绘画：勾选该选项后，可以使用前景颜色进行涂抹绘制。

4.5.4　减淡工具

使用"减淡工具" 可以对图像进行减淡处理，其选项栏如图4-114所示。在某个区域上方绘制的次数越多，该区域就会变得越亮。

图4-114

减淡工具选项介绍

范围：选择要修改的色调。选择"中间调"选项时，可以更改灰色的中间范围，如图4-115所示；选择"阴影"选项时，可以更改暗部区域，如图4-116所示；选择"高光"选项时，可以更改亮部区域，如图4-117所示。

图4-115

图4-116

图4-117

曝光度：可以为"减淡工具" 指定曝光。数值越高，效果越明显。

保护色调：可以保护图像的色调不受影响。

4.5.5　加深工具

"加深工具" 和"减淡工具" 原理相同，但效果相反，它可以降低图像的亮度，通过加暗来校正图像的曝光度，其选项栏如图4-118所示。在某个区域上方绘制的次数越多，该区域就会变得越暗。

图4-118

4.5.6　海绵工具

使用"海绵工具" 可以精确地更改图像某个区域的色彩饱和度，其选项栏如图4-119所示。如果是灰度图像，该工具将通过灰阶远离或靠近中间灰色来增加或降低对比度。

图4-119

海绵工具选项介绍

模式：选择"饱和"选项时，可以增加

85

色彩的饱和度，而选择"降低饱和度"选项时，可以降低色彩的饱和度，如图4-120~图4-122所示。

原图　图4-120

去色　图4-121

加色　图4-122

流量：为"海绵工具"🧽指定流量。数值越高，"海绵工具"🧽的强度越大，效果越明显，图4-123和图4-124所示分别是设置"流量"为30%和80%时的涂抹效果。

自然饱和度：勾选该选项以后，可以在增加饱和度的同时防止颜色过度饱和而产生溢色现象。

流量=30%　图4-123

流量=80%　图4-124

4.6　填充工具组

图像填充工具主要用来为图像添加装饰效果。Photoshop提供了两种图像填充工具，分别是"渐变工具"🔲和"油漆桶工具"🪣。

4.6.1　渐变工具

使用"渐变工具"🔲可以在整个文档或选区内填充渐变色，并且可以创建多种颜色间的混合效果，其选项栏如图4-125所示。"渐变工具"🔲的应用非常广泛，它不仅可以填充图像，还可以用来填充图层蒙版、快速蒙版和通道等，是使用频率很高的一种工具。

图4-125

渐变工具选项介绍

点按可编辑渐变 ：显示当前的渐变颜色，单击右侧的▽图标，可以打开"渐变"拾色器，如图4-126所示。如果直接单击"点按可编辑渐变"按钮，则会弹出"渐变编辑器"对话框，在该对话框中可以编辑渐变颜色，或者保存渐变等，如图4-127所示。

图4-126　　　　图4-127

渐变类型：激活"线性渐变"按钮🔲，可以以直线方式创建从起点到终点的渐变，如图4-128所示；激活"径向渐变"按钮🔲，可以以圆形方式创建从起点到终点的渐变，如图

4-129所示；激活"角度渐变"按钮，可以创建围绕起点以逆时针扫描方式的渐变，如图4-130所示；激活"对称渐变"按钮，可以使用均衡的线性渐变在起点的任意一侧创建渐变，如图4-131所示；激活"菱形渐变"按钮，可以以菱形方式从起点向外产生渐变，终点定义菱形的一个角，如图4-132所示。

图4-128

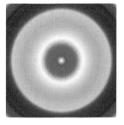

图4-129

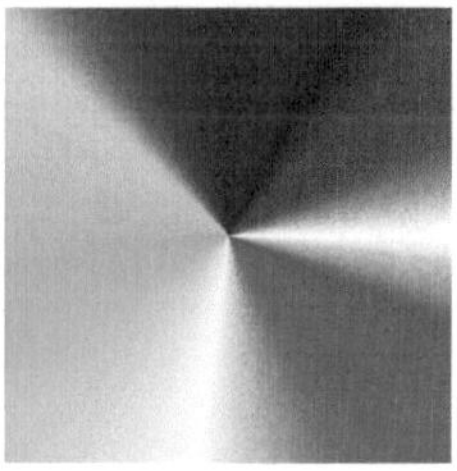

图4-130

图4-131

图4-132

模式：用来设置应用渐变时的混合模式。

不透明度：用来设置渐变色的不透明度。

反向：转换渐变中的颜色顺序，得到反方向的渐变结果，图4-133和图4-134所示分别是正常渐变和反向渐变效果。

图4-133

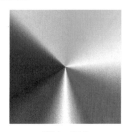

图4-134

提示

需要特别注意的是，"渐变工具"不能用于位图或索引颜色图像。切换颜色模式时，有些方式观察不到任何渐变效果，此时就需要将图像再切换到可用模式下进行操作。

4.6.2 油漆桶工具

使用"油漆桶工具"可以在图像中填充前景色或图案，其选项栏如图4-135所示。如果创建了选区，填充的区域为当前选区；如果没有创建选区，填充的就是与鼠标单击处颜色相近的区域。

图4-135

油漆桶工具选项介绍

设置填充区域的源：选择填充的模式，包含"前景"和"图案"两种模式。

模式：用来设置填充内容的混合模式。

不透明度：用来设置填充内容的不透明度。

容差：用来定义必须填充像素的颜色的相似程度。设置较低的"容差"值，会填充颜色范围内与鼠标单击处像素非常相似的像素；设置较高的"容差"值，会填充更大范围的像素。

消除锯齿：平滑填充选区的边缘。

连续的：勾选该选项后，只填充图像中处于连续范围的区域；关闭该选项后，可以填充图像中的所有相似像素。

所有图层：勾选该选项后，可以对所有可见图层中的合并颜色数据填充像素；关闭该选项后，仅填充当前选择的图层。

综合练习 为人物更换背景

» 实例位置　实例文件>CH04>综合练习：为人物更换背景.psd
» 素材位置　素材文件>CH04>素材05.jpg、素材06.jpg
» 视频名称　为人物更换背景.mp4
» 技术掌握　用背景橡皮擦工具擦除背景并重新合成背景

本例先使用"背景橡皮擦工具"擦除图片背景，然后重新合成更丰富的背景效果。

01 打开学习资源中的"素材文件>CH04>素材05.jpg"文件，如图4-136所示。

图4-136

02 在"背景橡皮擦工具" 的选项栏中设置画笔的"大小"为45像素、"硬度"为50%，然后单击"取样:一次"按钮 ，接着设置"限制"为"连续"、"容差"为50%，并勾选"保护前景色"选项，如图4-137所示。

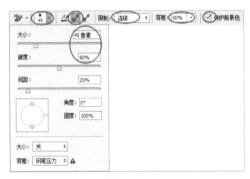

图4-137

提示

由于在选项栏中勾选了"保护前景色"选项，并且设置了头发颜色作为前景色，因此在擦除时便能够有效地保证人像部分不被擦除。

03 按快捷键Ctrl+J复制一个"图层1"，然后隐藏"背景"图层，接着使用"吸管工具" 在人物衣服较亮的部分单击，吸取颜色作为前景色，如图4-138所示，最后使用"背景橡皮擦工具" 沿着衣服的边缘擦除背景，如图4-139所示。

图4-138

图4-139

04 使用"吸管工具" 吸取人物左边头发的颜色作为前景色，然后选择"背景橡皮擦工具" 进行擦除，接着吸取左边耳朵部分的颜色进行擦除，最后吸取左边脸部皮肤的颜色进行擦除，效果如图4-140所示。

图4-140

05 使用"吸管工具" 吸取人物右边头发的颜色作为前景色，然后使用"背景橡皮擦工具" 擦除头发附近的背景，接着吸取右边耳朵部分的颜色进行擦除，最后吸取右边脸部皮肤的颜色进行擦除，效果如图4-141所示。

图4-141

06 使用"吸管工具"☒吸取人物右边部分衣服的颜色作为前景色，然后使用"背景橡皮擦工具"☒擦除衣服附近的背景，如图4-142所示。

图4-142

07 使用"橡皮擦工具"☒擦除剩余的背景，完成后的效果如图4-143所示。

图4-143

08 打开学习资源中的"素材文件>CH04>素材

06.jpg"文件，然后将人物拖曳到该操作界面中，并调整位置和大小，效果如图4-144所示。

图4-144

09 单击"调整"面板中的"曲线"按钮☒，新建一个"曲线"调整图层，然后在打开的"属性"面板中调整曲线，如图4-145所示，接着按快捷键Alt+Ctrl+G将其创建为人物图层的剪贴蒙版，最终效果如图4-146所示。

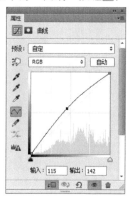

图4-145

图4-146

4.7 课后习题

通过对这一课的学习，相信读者对图像的修饰与绘画已经有了深入的了解，下面通过两个课后习题来巩固前面所学到的知识。

📝 课后习题 制作特效炫酷照片

- » 实例位置　实例文件>CH04>课后习题：制作特效炫酷照片.psd
- » 素材位置　素材文件>CH04>素材07.jpg、素材08.jpg、素材09.png~素材11.png
- » 视频名称　制作特效炫酷照片.mp4
- » 技术掌握　运用渐变和混合模式改变图像的色调

本习题使用"渐变工具" ▣ 和"橡皮擦工具" ◢ 为图像添加绚丽的色彩，然后叠加光效，完善整体效果。

⊙ 制作提示

第1步： 导入素材，然后新建图层并填充渐变效果，接着使用"橡皮擦工具" ◢ 涂抹显示脸部和身体部分，如图4-147所示。

第2步： 选择渐变颜色图层，更改混合模式和不透明度，如图4-148所示。

图4-147　　　　　　图4-148

第3步： 导入素材文件，然后更改混合模式，接着绘制矩形并调整角度，填充颜色后调整不透明度，最终效果如图4-149所示。

图4-149

📝 课后习题 制作立体按钮

- » 实例位置　实例文件>CH04>课后习题：制作立体按钮.psd
- » 素材位置　素材文件>CH04>素材12.jpg
- » 视频名称　制作立体按钮.mp4
- » 技术掌握　绘制立体按钮的方法

本习题制作的立体按钮主要使用"渐变工具" ▣ 填充图层，然后通过一层层的叠加制作出最后的按钮效果。

⊙ 制作提示

第1步： 使用"圆角矩形工具" ▣ 绘制矩形，然后填充渐变颜色，如图4-150所示。

第2步： 选择圆角矩形，然后复制几份并调整大小，接着更改渐变颜色，效果如图4-151所示。

图4-150　　　　　　图4-151

第3步： 输入文字并添加图层样式，然后将图标复制3份，更改颜色，并导入背景，最终效果如图4-152所示。

图4-152

4.8　本课笔记

第 5 课

图层

图层是Photoshop中的重要组成部分，可以把图层想象成一张一张叠起来的透明胶片，每张透明胶片上都有不同的画面，改变图层的顺序和属性可以改变图像的最后效果。通过对图层的操作，使用它的特殊功能可以创建很多复杂的图像效果。

学习要点

» 图层的基本应用　　　　» 图层混合模式的设置与使用

» 用图层组管理图层　　　» 图层样式和调整图层的使用

5.1 图层面板

"图层"面板是Photoshop中比较常用的面板，主要用于创建、编辑和管理图层，以及为图层添加样式，如图5-1所示。

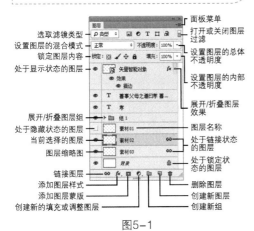

选取滤镜类型
设置图层的混合模式
锁定图层内容
处于显示状态的图层
展开/折叠图层组
处于隐藏状态的图层
当前选择的图层
图层缩略图
链接图层
添加图层样式
添加图层蒙版
创建新的填充或调整图层

面板菜单
打开或关闭图层过滤
设置图层的总体不透明度
设置图层的内部不透明度
展开/折叠图层效果
图层名称
处于链接状态的图层
处于锁定状态的图层
删除图层
创建新图层
创建新组

图5-1

图层面板选项介绍

面板菜单 ▼☰：单击该图标，可以打开"图层"面板的面板菜单，如图5-2所示。

新建图层	Shift+Ctrl+N
复制图层	
删除图层	
删除隐藏图层	
新建组	
从图层新建组(A)...	
锁定图层(L)...	
转换为智能对象(M)	
编辑内容	
混合选项...	
编辑调整...	
创建剪贴蒙版(C)	Alt+Ctrl+G
链接图层	
选择链接图层(S)	
向下合并	Ctrl+E
合并可见图层(V)	Shift+Ctrl+E
拼合图像(F)	
动画选项	▶
面板选项...	
关闭	
关闭选项卡组	

图5-2

选取滤镜类型：当文档中的图层较多时，可以在该下拉列表中选择一种过滤类型，以减少图层的显示，可供选择的类型包含"类型""名称""效果""模式""属性""颜色"和"选定"。例如，在图5-3中，"头饰"和"头发"两个图层被标记成了橙色，在"选区滤镜类型"下拉列表中选择"颜色"选项以后，在"图层"面板中就会过滤掉标记了颜色的图层，只显示没有标

记颜色的图层，如图5-4所示。

图5-3   图5-4

提示

注意，"选取滤镜类型"中的"滤镜"并不是指菜单栏中的"滤镜"菜单命令，而是"过滤"的颜色，也就是对某一种图层类型进行过滤。

打开或关闭图层过滤：单击该按钮，可以开启或关闭图层的过滤功能。

设置图层的混合模式：用来设置当前图层的混合模式，使之与下面的图像产生混合。

锁定图层内容：这一排按钮用于锁定当前图层的某种属性，使其不可编辑。

设置图层的总体不透明度：用来设置当前图层的总体不透明度。

设置图层的内部不透明度：用来设置当前图层的填充不透明度。该选项与"不透明度"选项类似，但是不会影响图层样式效果。

展开/折叠图层效果：单击该图标可以展开或折叠图层效果，以显示出当前图层添加的所有效果的名称。

当前选择的图层：当前处于选择或编辑状态的图层。处于这种状态的图层，在"图层"面板中显示为浅蓝色的底色。

处于链接状态的图层：当链接好两个或两个以上的图层以后，图层名称的右侧就会显示出链接标志。链接好的图层可以一起进行移动或变换等操作。

提示

默认状态下，缩略图的显示方式为小缩略图，如图5-5所示。如果要更改图层缩略图的显示大小，可以在图层缩略图上单击鼠标右键，然后在弹出的菜单中选择相应的显示方式即可，如图5-6所示。

另外，还可以在"图层"面板的菜单中选择"面板选项"命令，打开"图层面板选项"对话框，在该对话框中也可以选择图层缩略图的显示大小，如图5-7所示。

图5-5

图5-6

图5-7

图层名称：显示图层的名称。

处于锁定状态的图层 🔒：当图层缩略图右侧显示有该图标时，表示该图层处于锁定状态。

链接图层 ⊖：用来链接当前选择的多个图层。

添加图层样式 *fx.*：单击该按钮，在弹出的菜单中选择一种样式，可以为当前图层添加一个图层样式。

添加图层蒙版 ▢：单击该按钮，可以为当前图层添加一个蒙版。

创建新的填充或调整图层 ●.：单击该按钮，在弹出的菜单中选择相应的命令，即可创建填充图层或调整图层。

创建新组 ▢：单击该按钮可以新建一个图层组。

创建新图层 ▢：单击该按钮可以新建一个图层。

删除图层 🗑：单击该按钮可以删除当前选择的图层或图层组。

5.2 新建图层

在Photoshop的操作中，经常需要新建图层或将背景图层与普通图层进行转换，熟练掌握相关的知识能提升工作效率。

5.2.1 新建图层的4种方法

命令："图层>新建>图层"菜单命令
作用：新建图层　　快捷键：Shift+Ctrl+N

新建图层的方法有很多种，可以在"图层"面板中创建新的普通空白图层，也可以通过复制已有的图层来创建新的图层，还可以将图像中的局部创建为新的图层。当然，还可以通过相应的命令来创建不同类型的图层。下面介绍4种新建图层的方法。

1.在图层面板中创建图层

在"图层"面板底部单击"创建新图层"按钮 ▢，即可在当前图层的上一层新建一个图层。如果要在当前图层的下一层新建一个图层，按住Ctrl键单击"创建新图层"按钮 ▢ 即可，如图5-8所示。

图5-8

注意，如果当前图层为"背景"图层，则按住Ctrl键也不能在其下方新建图层。

2.用新建命令新建图层

如果要在创建图层的时候设置图层的属性，可以执行"图层>新建>图层"菜单命令，在弹出的"新建图层"对话框中设置图层的名称、颜色、混合模式和不透明度等，如图5-9所示。按住Alt键单击"创建新图层"按钮 或直接按快捷键Shift+Ctrl+N，也可以打开"新建图层"对话框。

图5-9

提示

在"新建图层"对话框中可以设置图层的颜色，如设置"颜色"为"黄色"，如图5-10所示，那么新建出来的图层就会被标记为黄色，这样有助于区分不同用途的图层，如图5-11所示。

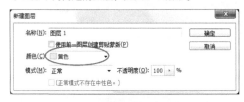

图5-10

图5-11

3.用通过拷贝的图层命令创建图层

选择一个图层以后，执行"图层>新建>通过拷贝的图层"菜单命令或按快捷键Ctrl+J，可以将当前图层复制一份；如果当前图像中存在选区，如图5-12所示，执行该命令可以将选区中的图像复制到一个新的图层中，如图5-13所示。

图5-12　　　　　　图5-13

4.用通过剪切的图层命令创建图层

如果在图像中创建了选区，如图5-14所示，然后执行"图层>新建>通过剪切的图层"菜单命令或按快捷键Shift+Ctrl+J，可以将选区内的图像剪切到一个新的图层中，如图5-15所示。

图5-14　　　　　　图5-15

5.2.2 背景图层的转换

一般情况下，"背景"图层都处于锁定无法编辑的状态。因此，如果要对"背景"图层进行操作，就需要将其转换为普通图层。当然，也可以将普通图层转换为"背景"图层。

1.将背景图层转换为普通图层

如果要将"背景"图层转换为普通图层，可以采用以下4种方法。

第1种：在"背景"图层上单击鼠标右键，然后在弹出的菜单中选择"背景图层"命令，如图5-16所示，此时将打开"新建图层"对话框，接着单击"确定"按钮 <u>确定</u> ，即可将其转换为普通图层，如图5-17所示。

图5-16　　　　　图5-17

第2种：在"背景"图层的缩略图上双击鼠标左键，打开"新建图层"对话框，然后单击"确定"按钮 <u>确定</u> 即可。

第3种：按住Alt键双击"背景"图层的缩略图，"背景"图层将直接转换为普通图层。

第4种：执行"图层>新建>背景图层"菜单命令，可以将"背景"图层转换为普通图层。

2.将普通图层转换为背景图层

如果要将普通图层转换为"背景"图层，可以采用以下两种方法。

第1种：在图层名称上单击鼠标右键，然后在弹出的菜单中选择"拼合图像"命令，如图5-18所示，此时图层将被转换为"背景"图层，如图5-19所示。另外，执行"图层>拼合图像"菜单命令，也可以将图像拼合成"背景"图层。

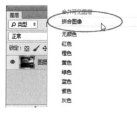　　　　

图5-18　　　　　图5-19

提示

使用"拼合图像"命令之后，当前所有图层都会被合并到"背景"图层中。

第2种：执行"图层>新建>图层背景"菜单命令，可以将普通图层转换为"背景"图层。

5.3 图层的操作

以层为模式的编辑方法几乎是Photoshop的核心思路。在Photoshop中，图层是编辑处理图像时应备的承载元素。通过图层的堆叠与混合，可以制作出多种多样的效果。用图层来实现效果是一种直观而简便的方法。

5.3.1 图层的基本操作

图层的基本操作包括选择/取消选择图层、复制图层、删除图层、显示/隐藏图层、链接与取消链接图层和修改图层的名称与颜色。

1.选择/取消选择图层

如果要对文档中的某个图层进行操作，就必须先选中该图层。在Photoshop中，可以选择单个图层，也可以选择多个连续的图层或多个非连续的图层。

如果要选择一个图层，只需要在"图层"面板中单击该图层即可将其选中。

如果要选择多个连续的图层，先选择位于连续顶端的图层，然后按住Shift键单击位于连续底端的图层，即可选择这些连续的图层；也可以在选中一个图层的情况下，按住Ctrl键单击其他图层名称。

提示

如果使用Ctrl键选择多个连续图层，只能单击其他图层的名称，绝对不能单击图层缩略图，否则会载入图层的选区。

如果要选择多个非连续的图层，可以先选择其中一个图层，然后按住Ctrl键单击其他图层的名称。

提示

选择一个图层后，按快捷键Ctrl+]可以将当前图层切换为与之相邻的上一个图层；按快捷键Ctrl+[可以将当前图层切换为与之相邻的下一个图层。

如果要选择所有图层，可以执行"选择>所有图层"菜单命令或按快捷键Alt+Ctrl+A。

如果要选择链接的图层，可以先选择一个链接图层，然后执行"图层>选择链接图层"菜单命令即可。

如果不想选择任何图层，可以在"图层"面板最下面的空白处单击鼠标左键，即可取消选择所有图层。另外，执行"选择>取消选择图层"菜单命令也可以达到相同的目的。

2.复制图层

在Photoshop中，经常会用到复制图层，这里讲解4种复制图层的方法。

第1种： 选择一个图层，然后执行"图层>复制图层"菜单命令，单击"确定"按钮 确定 即可复制选中图层。

第2种： 选择要复制的图层，然后在其名称上单击鼠标右键，在弹出的菜单中选择"复制图层"命令，即可复制选中图层。

第3种： 直接将图层拖曳到"创建新图层"按钮 上，即可复制选中图层。

第4种： 选择需要进行复制的图层，然后直接按快捷键Ctrl+J。

3.删除图层

如果要删除一个或多个图层，可以先将其选择，然后执行"图层>删除图层>图层"菜单命令，即可删除选中图层。

提示

如果要快速删除图层，可以将其拖曳到"删除图层"按钮 上，也可以直接按Delete键。

4.显示/隐藏图层

图层缩略图左侧的眼睛图标 用来控制图层的可见性。有该图标的图层为可见图层，没有该图标的图层为隐藏图层，单击眼睛图标 可以在图层的显示与隐藏之间进行切换。

5.链接与取消链接图层

如果要同时处理多个图层中的内容（如移动、应用变换或创建剪贴蒙版），可以将这些图层链接在一起。选择两个或多个图层，然后执行"图层>链接图层"菜单命令或在"图层"面板下单击"链接图层"按钮 ，如图5-20所示，可以将这些图层链接起来，如图5-21所示。再次单击即可取消图层链接。

图5-20　　　　　　　图5-21

提示

将图层链接在一起后，当移动其中一个图层或对其进行变换的时候，与其链接的图层也会发生相应的变化。

6.修改图层的名称与颜色

在一个图层较多的文档中，修改图层名称及颜色有助于快速找到相应的图层。如果要修改某个图层的名称，可以执行"图层>重命名图层"菜单命令，也可以在图层名称上双击鼠标左键，激活名称输入框，如图5-22所示，然后在输入框中输入新名称即可。

图5-22

如果要修改图层的颜色，可以先选择该图层，然后在图层缩略图或图层名称上单击鼠标右键，在弹出的菜单中选择相应的颜色即可，如图5-23和图5-24所示。

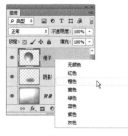 

图5-23　　　　　　图5-24

5.3.2 栅格化图层内容

对于文字图层、形状图层、矢量蒙版图层或智能对象等包含矢量数据的图层，不能直接在上面进行编辑，需要先将其栅格化以后才能进行相应的操作。选择需要栅格化的图层，然后执行"图层>栅格化"菜单下的子命令，可以将相应的图层栅格化，如图5-25所示。

图5-25

栅格化图层内容介绍

文字：栅格化文字图层，使文字变为光栅图像，如图5-26和图5-27所示。栅格化文字图层以后，文本内容将不能再修改。

图5-26　　　　　　图5-27

智能对象：栅格化智能对象图层，使其转换为像素图像。

图层/所有图层：执行"图层"命令，可以栅格化当前选定的图层；执行"所有图层"命令，可以栅格化包含矢量数据、智能对象和生成的数据的所有图层。

> 👆 **操作练习** 制作清新花纹文字

» 实例位置　实例文件>CH05>操作练习：制作清新花纹文字.psd
» 素材位置　素材文件>CH05>素材01.jpg
» 视频名称　制作清新花纹文字.mp4
» 技术掌握　栅格化文字图层的方法

制作文字时，如果要对文字进行变形或者添加滤镜效果，首先需要将文字栅格化，才能进行操作。

01 打开学习资源中的"素材文件>CH05>素材01.jpg"文件，如图5-28所示。

02 使用"横排文字工具" T 在图像的右下角输入Delicious fruits，如图5-29所示。

图5-28　　　　　　图5-29

03 设置前景色为（R:242，G:188，B:40），然后执行"滤镜>风格化>拼贴"菜单命令，此时Photoshop会弹出一个警告对话框，提醒用户是否栅格化文字，单击"确定"按钮 ⌷确定⌷ 即可将文字栅格化，如图5-30所示，接着在弹出的"拼贴"对话框中设置"最大位移"为20%、"填充空白区域用"为"前景颜色"，效果如图5-31所示。

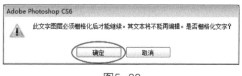

图5-30

图5-31

图5-35

提示

执行"拼贴"命令
以后，在"图层"面板
中可以观察到文字图层
已经被栅格化了，如图
5-32所示。

图5-32

04 执行"图层>图层样式>投影"菜单命令，
打开"投影"对话框，然后设置"不透明度"
为30%，如图5-33所示。

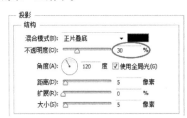

图5-33

05 在"图层样式"对话框中单击"渐变叠
加"样式，然后设置"不透明度"为58%，
接着选择预设的"绿色、黄色"渐变，最后
设置"角度"为0°，如图5-34所示，最终
效果如图5-35所示。

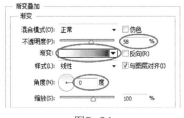

图5-34

5.3.3 调整图层的排列顺序

创建图层时，"图层"面板将按照创建的
先后顺序来排列图层。创建图层以后，可以重
新调整其排列顺序，方法有两种。

1.在图层面板中调整图层的排列顺序

在图层面板中，选中需要调整的图层，然
后拖动图层至目标位置，即可调整图层顺序，
如图5-36和图5-37所示。

图5-36

图5-37

2.用排列命令调整图层的排列顺序

通过"排列"命令也可以改变图层的排
列顺序。选择一个图层，然后执行"图层>排
列"菜单下的子命令，可以调整图层的排列顺

98

序，如图5-38所示。

图5-38

排列命令介绍

置为顶层：将所选图层调整到顶层，快捷键为Shift+Ctrl+]。

前/后移一层：将所选图层向上或向下移动一个堆叠顺序，快捷键分别为Ctrl+]和Ctrl+[。

置为底层：将所选图层调整到底层，快捷键为Shift+Ctrl+[。

反向：在"图层"面板中选择多个图层，执行该命令可以反转所选图层的排列顺序。

5.3.4 调整图层的不透明度与填充

"图层"面板中有专门针对图层的不透明度与填充进行调整的选项，二者在一定程度上来讲都是针对不透明度进行调整，数值为100%时为完全不透明，数值为50%时为半透明，数值为0%时为完全透明，如图5-39~图5-41所示。

图5-39

图5-40

图5-41

提示

不透明度用于控制图层、图层组中绘制的像素和形状的不透明度，如果对图层应用了图层样式，则图层样式的不透明度也会受到该值的影响。填充只影响图层中绘制的像素和形状的不透明度，不会影响图层样式的不透明度。

5.3.5 对齐与分布图层

对齐与分布图层在Photoshop中运用得非常广泛，能对多个图层进行快速的对齐或按照一定的规律均匀分布。

1.对齐图层

如果要将多个图层进行对齐，可在"图层"面板中选择这些图层，然后执行"图层>对齐"菜单下的子命令，如图5-42所示。

图5-42

2.分布图层

当一个文档中包含多个图层（至少为3个图层，且"背景"图层除外）时，可以执行"图层>分布"菜单下的子命令，将这些图层按照一定的规律均匀分布，如图5-43所示。

图5-43

5.4 合并与盖印图层

如果一个文档中含有过多的图层、图层组以及图层样式，会耗费非常多的内存资源，从而减慢计算机的运行速度。遇到这种情况时，可以通过删除无用的图层，合并同一内容的图层等来减小文档的大小。

5.4.1 合并图层

命令： "图层>向下合并"菜单命令

作用： 合并图层　**快捷键：** Alt+ E

合并图层就是将两个或两个以上的图层合并到一个图层上，主要包括向下合并、合并可见图层和拼合图像。

1.向下合并

向下合并图层是将当前图层与它下方的图层合并，可以执行"图层>向下合并"菜单命令或按快捷键Ctrl+E合并图层。

2.合并可见图层

合并可见图层是将当前所有的可见图层合并为一个图层，执行"图层>合并可见图层"菜单命令即可将图层合并，如图5-44和图5-45所示。

| 图5-44 | 图5-45 |

3.拼合图像

拼合图像是将所有可见图层进行合并，隐藏的图层被丢弃，执行"图层>拼合图像"菜单命令即可，如图5-46和图5-47所示。

| 图5-46 | 图5-47 |

5.4.2 盖印图层

作用：合并图层并新建图层　　快捷键：Ctrl+Alt+E

"盖印"是一种合并图层的特殊方法，它可以将多个图层的内容合并到一个新的图层中，同时保持其他图层不变。在实际工作中，盖印图层经常用到，是一种很实用的图层合并方法。

1.向下盖印图层

选择一个图层，如图5-48所示，然后按快捷键Ctrl+Alt+E，可以将该图层中的图像盖印到下面的图层中，原始图层的内容保持不变，如图5-49所示。

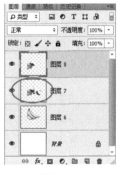

| 图5-48 | 图5-49 |

2.盖印多个图层

如果选择了多个图层，如图5-50所示，按快捷键Ctrl+Alt+E，可以将这些图层中的图像盖印到一个新的图层中，原始图层的内容保持不变，如图5-51所示。

| 图5-50 | 图5-51 |

3.盖印可见图层

按快捷键Ctrl+Shift+Alt+E，可以将所有可见图层盖印到一个新的图层中，如图5-52和图5-53所示。

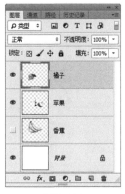 

图5-52　　　　　图5-53

4.盖印图层组

选择图层组，然后按快捷键Ctrl+Alt+E，可以将组中所有图层内容盖印到一个新的图层中，原始图层组中的内容保持不变。

5.5　填充图层与调整图层

填充图层与调整图层的优势是可以使调整后的图像不受损失。本节将学习它们的使用方法。

5.5.1　填充图层

填充图层是一种比较特殊的图层，它可以使用纯色、渐变或图案填充图层。与调整图层不同，填充图层不会影响它们下面的图层。

1.纯色填充图层

纯色填充图层可以用一种颜色填充图层，并带有一个图层蒙版。打开一个图像，如图5-54所示，执行"图层>新建填充图层>纯色"菜单命令，可以打开"新建图层"对话框，在该对话框中可以设置纯色填充图层的名称、颜

色、混合模式和不透明度，并且可以为下一图层创建剪贴蒙版，如图5-55所示。

图5-54

图5-55

在"新建图层"对话框中设置好相关选项以后，单击"确定"按钮，打开"拾色器"对话框，拾取一种颜色，如图5-56所示，然后单击"确定"按钮，即可创建一个纯色填充图层，如图5-57所示。

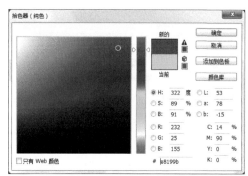

图5-56

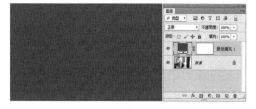

图5-57

创建好纯色填充图层以后，可以调整其"混合模式""不透明度"或编辑其蒙版，使其与下面的图像混合在一起，如图5-58所示。

图5-58

2.渐变填充图层

渐变填充图层可以用一种渐变色填充图层。执行"图层>新建填充图层>渐变"菜单命令，打开"新建图层"对话框，在该对话框中可以设置渐变填充图层的名称、颜色、混合模式和不透明度，并且可以为下一图层创建剪贴蒙版。

在"新建图层"对话框中设置好相关选项以后，单击"确定"按钮　确定 ，打开"渐变填充"对话框，在该对话框中可以设置渐变色以及相关参数，如图5-59所示，单击"确定"按钮　确定 后，即可创建一个渐变填充图层。

图5-59

创建好渐变填充图层以后，可以调整其"混合模式""不透明度"或编辑其蒙版，使其与下面的图像混合在一起，如图5-60所示。

图5-60

3.图案填充图层

图案填充图层可以用一种图案填充图层。

执行"图层>新建填充图层>图案"菜单命令，打开"新建图层"对话框，在该对话框中可以设置图案填充图层的名称、颜色、混合模式和不透明度，并且可以为下一图层创建剪贴蒙版。

> **提示**
>
> 填充也可以直接在"图层"面板中进行创建，单击"图层"面板下面的"创建新的填充或调整图层"按钮 ，在弹出的菜单中选择相应的命令即可，如图5-61所示。

图5-61

5.5.2 调整图层

调整图层是一种非常重要而又特殊的图层，它不仅可以调整图像的颜色和色调，并且不会破坏图像的像素。

1.调整图层与调色命令

在Photoshop中，调整图像色彩的基本方法有以下两种。

第1种：直接执行"图像>调整"菜单下的调色命令进行调节。这种方式属于不可修改方式，也就是说，一旦调整了图像的色调，就不可以再重新修改调色命令的参数。

第2种：使用调整图层进行调整。这种方式属于可修改方式，也就是说，如果对调色效果不满意，还可以重新对调整图层的参数进行修改，直到满意。

这里再举例说明一下调整图层与调色命令的区别。以图5-62所示的图像为例，执行"图像>调整>色相/饱和度"菜单命令，打开"色相/饱和度"对话框，设置"色相"为180，调色效果将直接作用于图层，如图5-63所示。而执行"图层>新建调整图层>色相/饱和度"菜单命令，在"背景"图层的上方创建一个"色相/饱和度"图层，此时可以在"属性"面板中设置相关参数，与前面不同的是，调整图层将保留下来，如果对调整效果不满意，还可以重新设置其参数，编辑"色相/饱和度"调整图层的蒙版，使调色只针对背景，如图5-64所示。

图5-62

图5-63

图5-64

综上所述，调整图层的优点如下。

第1点：编辑不会造成图像的破坏。可以随时修改调整图层的相关参数值，也可以修改其"混合模式"与"不透明度"。

第2点：编辑具有选择性。在调整图层的蒙版上绘画，可以将调整应用于图像的一部分。

第3点：能够将调整应用于多个图层。调整图层不仅可以只对一个图层产生作用（创建剪贴蒙版），还可以对下面的所有图层产生作用。

2.调整面板

执行"窗口>调整"菜单命令，打开"调整"面板，如图5-65所示，其面板菜单如图5-66所示。在"调整"面板中单击相应的按钮，可以创建相应的调整图层，也就是说，这些按钮与"图层>新建调整图层"菜单下的命令相对应。

图5-65　　　　　　　图5-66

3.属性面板

创建调整图层以后，可以在"属性"面板中修改其参数，如图5-67所示。

图5-67

属性面板选项介绍

单击可剪切到图层 ↴□：单击该按钮，可以将调整图层设置为下一图层的剪贴蒙版，让该调整图层只作用于它下面的一个图层，如图5-68所示；再次单击该按钮，调整图层会影响下面的所有图层，如图5-69所示。

查看上一状态 |👁|：单击该按钮，可以在文档窗口中查看图像的上一个调整效果，以比较两种不同的调整效果。

复位到调整默认值 |↺|：单击该按钮，可以将调整参数恢复到默认值。

切换图层可见性 |👁|：单击该按钮，可以隐藏或显示调整图层。

删除此调整图层 |🗑|：单击该按钮，可以删除当前调整图层。

4.新建调整图层

新建调整图层的方法共有以下3种。

第1种： 执行"图层>新建调整图层"菜单下的调整命令。

第2种： 在"图层"面板下面单击"创建新的填充或调整图层"按钮 |◑|，在弹出的菜单中选择相应的调整命令，如图5-70所示。

第3种： 执行"窗口>调整"菜单命令，打开"调整"面板，然后单击相应按钮。

图5-68

图5-70

5.6 用图层组管理图层

随着图像的不断编辑，图层的数量往往会越来越多，少则几个，多则几十个、几百个。要在如此多的图层中找到需要的图层，将会是一件非常麻烦的事情。如果使用图层组来管理同一内容的图层，就可以使"图层"面板中的图层结构更加有条理，寻找起来也更加方便快捷。

图5-69

5.6.1 创建与解散图层组

创建图层组后，可以方便快捷地移动整个图层组的所有图像，有效提高工作效率。

1.创建图层组

命令："图层>新建>组"菜单命令　　**作用：创建图层组**　**快捷键：Ctrl+G**

创建图层组的方法有3种，包括在图层面板中创建图层组、用新建命令创建图层组和从所选图层创建图层组。

第1种： 在"图层"面板下面单击"创建新组"按钮 ，可以创建一个空白的图层组，如图5-71所示。

图5-71

第2种： 如果要在创建图层组时设置组的名称、颜色、混合模式和不透明度，可以执行"图层>新建>组"菜单命令，在弹出的"新建组"对话框中进行设置，如图5-72和图5-73所示。

图5-72

图5-73

第3种： 选择一个或多个图层，如图5-74所示，然后执行"图层>图层编组"菜单命令或按快捷键Ctrl+G，可以为所选图层创建一个图层组，如图5-75所示。

图5-74　　　　　　　　图5-75

2.取消图层编组

命令："图层>取消图层编组"菜单命令
作用：取消图层编组　**快捷键：Shift+Ctrl+G**

如果要取消图层编组，可以执行"图层>取消图层编组"菜单命令或按快捷键Shift+Ctrl+G，也可以在图层组名称上单击鼠标右键，然后在弹出的菜单中选择"取消图层编组"命令，如图5-76所示。

图5-76

5.6.2 将图层移入或移出图层组

选择一个或多个图层，然后将其拖曳到图层组内，就可以将其移入该组，如图5-77和图5-78所示；相反，将图层组中的图层拖曳到组外，就可以将其从图层组中移出。

图5-77　　　　　　　　图5-78

5.7 图层样式

"图层样式"也称"图层效果"，它是制作纹理、质感和特效的灵魂，可以为图层中的图像添加投影、发光、浮雕、光泽、描边等效果，以创建诸如金属、玻璃、水晶以及具有立体感的特效。

5.7.1 添加图层样式

如果要为一个图层添加图层样式，需要先打开"图层样式"对话框。打开"图层样式"对话框的方法主要有以下3种。

第1种： 执行"图层>图层样式"菜单下的子命令，如图5-79所示，此时将弹出"图层样式"对话框，如图5-80所示。

图5-79

图5-80

第2种： 在"图层"面板下面单击"添加图层样式"按钮 *fx.*，在弹出的菜单中选择一

种样式即可打开"图层样式"对话框，如图5-81所示。

图5-81

第3种： 在"图层"面板中双击需要添加样式的图层缩略图，也可以打开"图层样式"对话框。

提示

"背景"图层和图层组不能应用图层样式。如果要对"背景"图层应用图层样式，可以按住Alt键双击图层缩略图，将其转换为普通图层以后再进行添加；如果要为图层组添加图层样式，需要先将图层组合并为一个图层。

5.7.2 图层样式对话框

"图层样式"对话框的左侧列出了10种样式，如图5-82所示。样式名称前面的复选框内有√标记，表示在图层中添加了该样式。

图5-82

单击一个样式的名称，可以选中该样式，同时切换到该样式的设置面板，如图5-83所示。

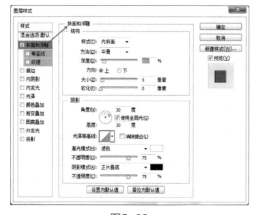

图5-83

提示

如果单击样式名称前面的复选框，则可以应用该样式，但不会显示样式设置面板。

在"图层样式"对话框中设置好样式参数以后，单击"确定"按钮[　　确定　　]即可为选定图层添加样式，添加了样式的图层的右侧会出现一个 *fx* 图标，如图5-84所示。另外，单击▲图标可以折叠或展开图层样式列表。

图5-84

1.斜面和浮雕

使用"斜面和浮雕"样式可以为图层添加

高光与阴影，使图像产生立体的浮雕效果，图5-85所示是其参数设置面板，图5-86所示是原始图像，图5-87所示是添加的默认浮雕效果。

图5-85

图5-86　　　　　图5-87

在"斜面和浮雕"面板中可以设置浮雕的结构和阴影，如图5-88所示。

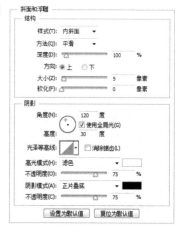

图5-88

斜面和浮雕选项介绍

样式：选择斜面和浮雕的样式。选择"外斜面"，可以在图层内容的外侧边缘创建斜面；选择"内斜面"，可以在图层内容的内侧边缘创建斜面；选择"浮雕效果"，可以使图层内容相对于下层图层产生浮雕状的效果；选择"枕状浮雕"，可以模拟图层内容的边缘嵌入下层图层产生的效果；选择"描边浮雕"，可以将浮雕应用于图层的"描边"样式的边界（注意，如果图层没有"描边"样式，则不会产生效果）。

方法：用来选择创建浮雕的方法。选择"平滑"，可以得到比较柔和的边缘；选择"雕刻清晰"，可以得到最精确的浮雕边缘；选择"雕刻柔和"，可以得到中等水平的浮雕效果。

深度：用来设置浮雕斜面的应用深度，该值越高，浮雕的立体感越强。

方向：用来设置高光和阴影的位置。该选项与光源的角度有关，如设置"角度"为120°时，选择"上"方向，那么阴影位置就位于下面；选择"下"方向，阴影位置则位于上面。

大小：该选项表示斜面和浮雕的阴影面积的大小。

软化：用来设置斜面和浮雕的平滑程度。

角度/高度：这两个选项用于设置光源的发光角度和光源的高度。

光泽等高线：选择不同的等高线样式，可以为斜面和浮雕的表面添加不同的光泽质感，也可以自己编辑等高线样式。

2.描边

"描边"样式可以使用颜色、渐变色以及图案来描绘图像的轮廓边缘，其参数设置面板如图5-89所示。

描边选项介绍

位置：选择描边的位置。

混合模式：设置描边效果与下层图像的混合模式。

填充类型：设置描边的填充类型，包含"颜色""渐变"和"图案"3种类型。

图5-89

3.内阴影

"内阴影"样式可以在紧靠图层内容的边缘内添加阴影，使图层内容产生凹陷效果，其参数设置面板如图5-90所示。

图5-90

内阴影选项介绍

混合模式/不透明度："混合模式"选项用来设置内阴影效果与下层图像的混合方式，"不透明度"选项用来设置内阴影效果的不透明度。

设置阴影颜色：单击"混合模式"选项右侧的颜色块，可以设置阴影的颜色。

距离：用来设置内阴影偏移图层内容的距离。

大小：用来设置内阴影的模糊范围，值越小，内阴影越清晰；反之，内阴影的模糊范围越广。

杂色：用来在内阴影中添加杂色。

4.内发光

使用"内发光"样式可以沿图层内容的边缘向内创建发光效果，其参数设置面板如图5-91所示。

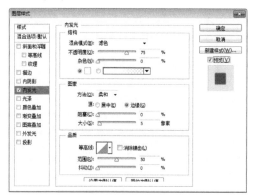

图5-91

内发光选项介绍

设置发光颜色：单击"杂色"选项下面的颜色块，可以设置内发光颜色；单击颜色块后面的渐变条，可以在"渐变编辑器"对话框中选择或编辑渐变色。

方法：用来设置发光的方式。选择"柔和"选项，发光效果比较柔和；选择"精确"选项，可以得到精确的发光边缘。

源：用于选择内发光的位置，包括"居中"和"边缘"两种方式。

范围：用于设置内发光的发光范围。值越低，内发光范围越大，发光效果越清晰；值越高，内发光范围越低，发光效果越模糊。

5.光泽

使用"光泽"样式可以为图像添加光滑的具有光泽的内部阴影，该样式通常用来制作具有光泽质感的按钮和金属。

6.颜色叠加

使用"颜色叠加"样式可以在图像上叠加设置的颜色效果。

7.渐变叠加

使用"渐变叠加"样式可以在图层上叠加指定的渐变色效果。

8.图案叠加

使用"图案叠加"样式可以在图像上叠加设置的图案效果。

9.外发光

使用"外发光"样式可以沿图层内容的边缘向外创建发光效果，其参数设置面板如图5-92所示。

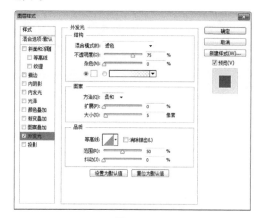

图5-92

外发光选项介绍

扩展/大小："扩展"选项用来设置发光范围的大小；"大小"选项用来设置光晕范围的大小。这两个选项是有很大关联的，如设置"大小"为12像素，"扩展"为0%，可以得到最柔和的外发光效果，如图5-93所示；而设置"扩展"为100%，则可以得到宽度为12像素的，类似于描边的效果，如图5-94所示。

图5-93 图5-94

10.投影

使用"投影"样式可以为图层添加投影，使其产生立体感。

5.7.3 编辑图层样式

为图像添加图层样式以后，如果对样式效果不满意，还可以重新进行编辑，以得到较好的样式效果。

1.显示与隐藏图层样式

如果要隐藏一个样式，可以单击关闭该样式前面的眼睛图标 👁；如果要隐藏某个图层中的所有样式，可以单击关闭"效果"前面的眼睛图标 👁。

提示

如果要隐藏整个文档中图层的图层样式，可以执行"图层>图层样式>隐藏所有效果"菜单命令。

2.修改图层样式

如果要修改某个图层样式，可以执行该命令或在"图层"面板中双击该样式的名称，然后在打开的"图层样式"对话框中重新进行编辑。

3.复制/粘贴与清除图层样式

复制/粘贴图层样式

如果要将某个图层的样式复制给其他图层，可以选择该图层，然后执行"图层>图层样式>拷贝图层样式"命令，或者在图层名称上单击鼠标右键，在弹出的菜单中选择"拷贝图层样式"命令，接着选择目标图层，再执行"图层>图层样式>粘贴图层样式"菜单命令，或者在目标图层的名称上单击鼠标右键，在弹出的菜单中选择"粘贴图层样式"命令即可。

清除图层样式

如果要删除某个图层样式，将该样式拖曳到"删除图层"按钮 🗑 上即可。

4.缩放图层样式

将一个图层A的样式拷贝并粘贴给另外一个图层B后，图层B中样式的大小比例将与图层A保持一致。例如，将大文字图层的样式拷贝并粘贴给小文字图层，如图5-95所示，虽然大文字图层的尺寸比小文字图层大得多，但拷贝给小文字图层的样式的大小比例不会发生变化。为了让样式与小文字图层的尺寸比例相匹配，就需要缩小小文字图层的样式比例。缩放方法是选择小文字图层，然后执行"图层>图层样式>缩放效果"菜单命令，在弹出的"缩放图层效果"对话框中对"缩放"数值进行设置，如图5-96所示，缩放后的效果如图5-97所示。

图5-95

图5-96

图5-97

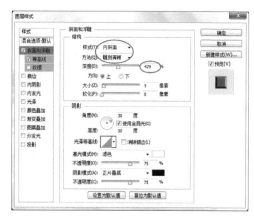

图5-99

图5-100

操作练习 制作金属文字效果

- » 实例位置 实例文件>CH05>操作练习：制作金属文字效果.psd
- » 素材位置 素材文件>CH05>素材02.psd
- » 视频名称 制作金属文字效果.mp4
- » 技术掌握 掌握图层样式的用法

本例讲解如何为文字添加斜面和浮雕的图层样式，制作出金属质感的文字效果。

01 打开学习资源中的"素材文件>CH05>素材02.psd"文件，如图5-98所示。

图5-98

02 选择文字图层，然后双击文字图层打开图层样式面板，接着勾选"斜面和浮雕"，设置"样式"为内斜面、"方法"为雕刻清晰、"深度"为429%，如图5-99所示，最后勾选"等高线"，效果如图5-100所示。

03 单击"颜色叠加"样式，然后设置如图5-101所示的参数，最终效果如图5-102所示。

图5-101

图5-102

5.8 图层的混合模式

"混合模式"是Photoshop的一项非常重要的功能,它决定了当前图像的像素与下面图像的像素的混合方式,可以用来创建各种特效,并且不会损坏原始图像的任何内容。在绘画工具和修饰工具的选项栏,以及"渐隐""填充""描边"命令和"图层样式"对话框中都包含混合模式。

在"图层"面板中选择一个图层,单击面板顶部的"类型" 下拉列表,可以从中选择一种混合模式。图层的"混合模式"分为6组,共27种,如图5-103所示。

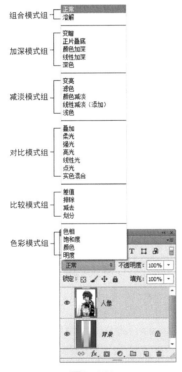

图5-103

各组混合模式介绍

组合模式组:该组中的混合模式需要降低图层的"不透明度"或"填充"数值才能起作用,这两个参数的数值越低,就越能看到下面的图像。

加深模式组:该组中的混合模式可以使图像变暗。在混合过程中,当前图层的白色像素会被下层较暗的像素替代。

减淡模式组:该组与加深模式组产生的混合效果完全相反,它们可以使图像变亮。在混合过程中,图像中的黑色像素会被较亮的像素替换,而任何比黑色亮的像素都可能提亮下层图像。

对比模式组:该组中的混合模式可以加强图像的差异。在混合时,50%的灰色会完全消失,任何亮度值高于50%灰色的像素都可能提亮下层的图像,亮度值低于50%灰色的像素则可能使下层图像变暗。

比较模式组:该组中的混合模式可以比较当前图像与下层图像,将相同的区域显示为黑色,不同的区域显示为灰色或彩色。如果当前图层中包含白色,那么白色区域会使下层图像反相,而黑色不会对下层图像产生影响。

色彩模式组:使用该组中的混合模式时,Photoshop会将色彩分为色相、饱和度和亮度3种成分,然后再将其中一种或两种应用在混合后的图像中。

5.8.1 组合模式组

组合模式组包括"正常"模式和"溶解"模式。

"正常"模式

这种模式是Photoshop默认的模式。正常情况下("不透明度"为100%),上层图像将完全遮盖住下层图像,只有降低"不透明度"数值以后,才能与下层图像相混合。

"溶解"模式

当"不透明度"和"填充"数值为100%时,该模式不会与下层图像相混合。只有当这两个数值中的其中一个或两个低于100%时才能产生效果,使透明度区域上的像素发生离散,如图5-104所示。

图5-104

5.8.2 加深模式组

加深模式组包括"变暗"模式、"正片叠底"模式、"颜色加深"模式、"线性加深"模式和"深色"模式。

"变暗"模式

比较每个通道中的颜色信息，并选择基色或混合色中较暗的颜色作为结果色，同时替换比混合色亮的像素，而比混合色暗的像素保持不变，如图5-105所示。

图5-105

"正片叠底"模式

任何颜色与黑色混合产生黑色，与白色混合则保持不变，如图5-106所示。

图5-106

"颜色加深"模式

通过增加上下层图像之间的对比度使像素变暗，与白色混合后不产生变化，如图5-107所示。

图5-107

"线性加深"模式

通过减小亮度使像素变暗，与白色混合不产生变化。

"深色"模式

通过比较两个图像所有通道的数值的总和，然后显示数值较小的颜色。

5.8.3 对比模式组

对比模式组包括"叠加"模式、"柔光"模式、"强光"模式、"亮光"模式、"线性光"模式、"点光"模式和"实色混合"模式。

叠加： 对颜色进行过滤并提亮上层图像，具体取决于底层颜色，同时保留底层图像的明暗对比，如图5-108所示。

图5-108

柔光： 使颜色变暗或变亮，具体取决于当前图像的颜色。如果上层图像比50%灰色亮，则图像变亮；如果上层图像比50%灰色暗，则图像变暗，如图5-109所示。

图5-109

强光：对颜色进行过滤，具体取决于当前图像的颜色。如果上层图像比50%灰色亮，则图像变亮；如果上层图像比50%灰色暗，则图像变暗。

亮光：通过增加或减小对比度来加深或减淡颜色，具体取决于上层图像的颜色。如果上层图像比50%灰色亮，则图像变亮；如果上层图像比50%灰色暗，则图像变暗。

线性光：通过减小或增加亮度来加深或减淡颜色，具体取决于上层图像的颜色。如果上层图像比50%灰色亮，则图像变亮；如果上层图像比50%灰色暗，则图像变暗。

点光：根据上层图像的颜色来替换颜色，如果上层图像比50%灰色亮，则替换比较暗的像素；如果上层图像比50%灰色暗，则替换较亮的像素。

实色混合：将上层图像的RGB通道值添加到底层图像的RGB值，如果上层图像比50%灰色亮，则使底层图像变亮；如果上层图像比50%灰色暗，则使底层图像变暗，如图5-110所示。

图5-110

» 实例位置　实例文件>CH05>操作练习：制作单色照片.psd
» 素材位置　素材文件>CH05>素材03.jpg
» 视频名称　制作单色照片.mp4
» 技术掌握　用去色命令配合柔光模式制作单色照片

单色照片通常能够体现某种独特的意味，本例练习使用"去色"命令与"柔光"模式将多色照片转换为单色照片。

01 打开学习资源中的"素材文件>CH05>素材03.jpg"文件，如图5-111所示。

02 按快捷键Ctrl+J将"背景"图层复制一层，然后按快捷键Shift+Ctrl+U将图像去色，使其成为灰色图像，如图5-112所示。

图5-111　　　　　　　图5-112

03 新建一个"上色"图层，然后设置前景色为黄色（R:212，G:136，B:2），接着按快捷键Alt+Delete用前景色填充该图层，最后设置该图层的"混合模式"为"柔光"，如图5-113所示，效果如图5-114所示。

图5-113　　　　　　　图5-114

04 新建一个图层，然后设置前景色为（R:195，G:24，B:244），接着按快捷键Alt+Delete用前景色填充该图层，最后设置该图层的"混合模式"为"柔光"，"不透明度"为40%，如图5-115所示，效果如图5-116所示。

图5-115

图5-116

05 新建一个图层，然后设置前景色为（R:251，G:163，B:7），接着按快捷键Alt+Delete用前景色填充该图层，最后设置该图层的"混合模式"为"柔光"，"不透明度"为80%，如图5-117所示，图层如图5-118所示，最终效果如图5-119所示。

图5-117

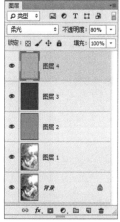
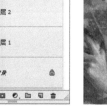
图5-118

图5-119

5.9 综合练习

了解图层的相关知识，掌握填充图层、图层混合模式和图层样式的使用方法，灵活运用相关技巧，可以制作出出彩的案例效果。

综合练习 制作音乐海报

» 实例位置　实例文件>CH05>综合练习：制作音乐海报.psd
» 素材位置　素材文件>CH05>素材04.jpg、素材05.png、素材06.jpg
» 视频名称　制作音乐海报.mp4
» 技术掌握　渐变工具和图层样式的运用

本例主要针对"图层样式"和"混合模式"的使用方法进行练习，制作出彩的动感音乐海报。

01 打开学习资源中的"素材文件>CH05>素材04.jpg"文件，如图5-120所示。

图5-120

02 单击图层面板下的"创建新图层"按钮 ，创建新图层，然后设置前景色为（R:109，G:203，B:211），接着填充图层，最后设置"混合模式"为"正片叠底"，效果如图5-121所示。

图5-121

03 打开学习资源中的"素材文件>CH05>素材05.png"文件，如图5-122所示。

图5-122

04 选择舞蹈剪影图层，按住 Ctrl 键的同时单击图层缩览图将图层载入选区，然后单击"渐变工具" ，编辑出合适的渐变色，接着全选图层，按快捷键 Ctrl+G 创建图层组，效果如图 5-123 所示。

图5-123

05 使用"横排文字工具" 输入文字，然后将文字移动到合适的位置，接着使用"多边形套索工具" 绘制出多个白色的矩形色块，效果如图 5-124 所示。

图5-124

06 选择主题文字图层，然后双击文字图层打开"图层样式"对话框，添加投影样式，效果如图 5-125 所示。

图5-125

07 运用同样的方法为其他文字添加同样的图层样式，效果如图 5-126 所示。

图5-126

08 打开学习资源中的"素材文件>CH05>素材06.jpg"文件，如图5-127所示，然后选择素材图层并设置"混合模式"为"正片叠底"，效果如图5-128所示。

图5-127

图5-128

09 单击图层面板下的"创建新图层"按钮 回，创建新图层，然后将图层填充为黑色，接着单击图层面板下方的"添加图层蒙版"按钮 回，为图层添加蒙版，如图5-129所示。

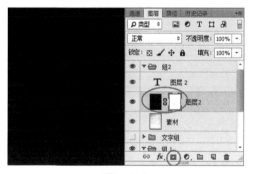

图5-129

10 选择"图层蒙版缩览图"，然后单击"渐变工具" 回，接着为蒙版填充黑色到白色的径向渐变，最后设置图层的"混合模式"为"强光"，"不透明度"为80%，参数设置如图5-130所示，最终效果如图5-131所示。

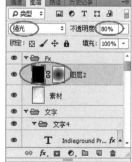

图5-130

图5-131

🖥 **综合练习** 制作炫色唇彩

» 实例位置　实例文件>CH05>综合练习：制作炫色唇彩.psd
» 素材位置　素材文件>CH05>素材07.jpg
» 视频名称　制作炫色唇彩.mp4
» 技术掌握　用柔光模式配合橡皮擦工具制作唇彩

本例运用图层样式为嘴唇叠加多彩效果，然后运用"橡皮擦工具" 🖉进行修饰，使其效果自然。

01 打开学习资源中的"素材文件>CH05>素材07.jpg"文件，如图5-132所示。

图5-132

02 新建一个"彩色"图层，然后使用"矩形选框工具" 🔲绘制一个矩形，如图5-133所示（选区在垂直方向占画布的1/3），接着设置前景色为粉色（R:255，G:0，B:113），最后按快捷键Alt+Delete用前景色填充选区，效果如图5-134所示。

图5-133　　　　　图5-134

03 采用相同的方法继续制作出另外两个彩条，如图5-135所示，然后设置"彩色"图层的"混合模式"为"柔光"，效果如图5-136所示。

图5-135　　　　　图5-136

04 执行"编辑>变换>旋转"菜单命令，将彩条逆时针旋转一定的角度，如图5-137所示。

图5-137

05 执行"滤镜>模糊>高斯模糊"菜单命令，然后在弹出的"高斯模糊"对话框中设置"半径"为65像素，如图5-138所示，效果如图5-139所示。

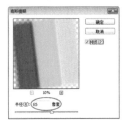

图5-138　　　　　图5-139

06 单击"橡皮擦工具" 📷，擦除嘴唇以外的区域，完成后的效果如图5-140所示。

图5-140

07 按快捷键Ctrl+U打开"色相/饱和度"对话框，然后设置"色相"为−89，如图5-141所示，最终效果如图5-142所示。

图5-141

图5-142

5.10 课后习题

　　下面通过两个课后习题对本课所学的图层知识进行巩固练习，进一步加强对图层操作技巧的掌握。

📝课后习题 制作彩虹半调艺术照

- » 实例位置 实例文件>CH05>课后习题：制作彩虹半调艺术照.psd
- » 素材位置 素材文件>CH05>素材08.jpg
- » 视频名称 制作彩虹半调艺术照.mp4
- » 技术掌握 运用渐变配合混合模式制作艺术照

本习题运用渐变工具和混合模式命令，为图片添加自然的彩虹渐变效果。

⊙ 制作提示

第1步：打开学习资源中的"素材文件>CH05>素材08.jpg"文件，如图5-143所示。

第2步：复制图层，为图片制作"彩色半调"效果，然后降低"不透明度"，如图5-144所示。

图5-143　　　　　图5-144

第3步：新建图层，然后填充如图5-145所示的渐变效果，接着更改"混合模式"为"线性减淡（添加）"，适当降低"不透明度"，效果如图5-146所示。

图5-145　　　　　图5-146

第4步：使用"橡皮擦工具" 🖌涂抹遮挡人物的彩虹部分，最终效果如图5-147所示。

图5-147

📝课后习题 快速合成风景照片

- » 实例位置 实例文件>CH05>课后习题：快速合成风景照片.psd
- » 素材位置 素材文件>CH05>素材09.jpg、素材10.jpg
- » 视频名称 快速合成风景照片.mp4
- » 技术掌握 用混合颜色带技术合成风景照片

本习题主要针对"混合颜色带"技术的用法进行练习，此技术在实际生活中很实用，常用来合成风景照片的天空背景。

⊙ 制作提示

第1步：打开两张素材图片，如图5-148和图5-149所示。

图5-148

图5-149

第2步：双击"图层1"的缩略图，打开"图层样式"对话框，然后拖曳滑块，同时在文档窗口中观察混合效果，如图5-150和图5-151所示。

图5-150

第3步：为"图层1"添加一个图层蒙版，然后使用黑色柔边"画笔工具" ✍ 在蒙版中修饰天空，效果如图5-152所示。

图5-152

图5-151

5.11 本课笔记

图像调色

Photoshop中对图像色彩和色调的控制是图像编辑的关键，它直接关系到图像最后的效果。只有合理地控制图像的色彩和色调，才能制作出高品质的图像。Photoshop提供了非常完美的色彩和色调的调整功能，运用这些功能可以快捷地调整图像的颜色与色调。

学习要点

» 认识图像色彩　　　　　» 图像的色彩调整

» 图像的明暗调整　　　　» 特殊色调的调整

6.1 认识图像色彩

学习调色技法之前，首先要了解色彩的相关知识。合理地运用色彩，不仅可以让一张图像变得更加具有表现力，而且还可以带给我们良好的心理感受。

6.1.1 关于色彩

色彩是通过眼、脑和我们的生活经验所产生的一种对光的视觉效应。我们对色彩的感觉，不仅由光的物理性质所决定，而且会受到周围颜色的影响。

颜色主要分为色光（即光源色）和物体色两种，如图6-1所示，原色是指无法通过其他颜色混合得到的颜色。太阳、荧光灯、白炽灯等发出的光的颜色都属于光源色，光源色的三原色是红色（Red）、绿色（Green）、蓝色（Blue）；光照射到某一物体后反射或穿透显示出的效果称为物体色，像西红柿会显示出红色是因为西红柿在所有波长的光线中只反射红色光波线的光线，物体色的三原色是洋红（Magenta）、黄色（Yellow）和青色（Cyan）。

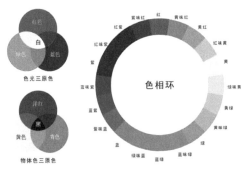

图6-1

计算机中用3种原色（红、绿、蓝）之间的相互混合来表现所有彩色，如图6-2所示。红与绿混合产生黄色，红与蓝混合产生紫色，蓝与绿混合产生青色。

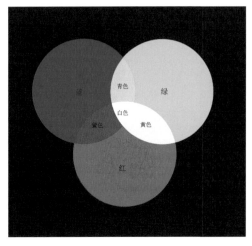

图6-2

客观世界的色彩千变万化，各不相同，但任何色彩都有色相、明度、纯度3个方面的性质，又称色彩的三要素。当色彩间发生作用时，除了色相、明度、纯度这3个基本条件以外，各种色彩彼此间会形成色调，并显现出自己的特性。因此，色相、明度、纯度、色调及色性等5项就构成色彩的要素。

色相：色彩的相貌，是区别色彩种类的名称。

明度：色彩的明暗程度，即色彩的深浅差别。明度差别即指同色的深浅变化，又指不同色相之间存在的明度差别。

纯度：色彩的纯净程度，又称彩度或饱和度。某一纯净色加上白色或黑色，可以降低其纯度，或趋于柔和，或趋于沉重。

色调：画面中总是由具有某种内在联系的各种色彩组成的整体，形成画面色彩总的趋向就称为色调。

色性：指色彩的冷暖倾向。

6.1.2 常用色彩模式

使用计算机处理数码照片经常会涉及"颜色模式"这一概念。图像的颜色模式是指将某种颜色表现为数字形式的模型，或者说是一种记录图像颜色的方式。在Photoshop中，颜色模式分为位图模式、灰度模式、双色调模式、索引颜色模式、RGB颜色模式、CMYK颜色模式、Lab颜色模式和多通道模式。处理人像数码照片时，一般使用RGB颜色模式、CMYK颜色模式和Lab颜色模式。

1.RGB颜色模式

RGB颜色模式是一种发光模式，也叫"加光"模式。RGB分别代表Red（红色）、Green（绿色）、Blue（蓝）。在"通道"面板中可以查看到这3种颜色通道的状态信息，如图6-3所示。RGB颜色模式下的图像，只有在发光体上才能显示出来，如显示器、电视等。

图6-3

2.CMYK颜色模式

CMYK颜色模式是一种印刷模式，也叫"减光"模式，该模式下的图像只有在印刷体上才可以观察到，如纸张。CMYK颜色模式包含的颜色总数比RGB模式少很多，所以在显示器上观察到的图像要比印刷出来的图像亮丽一些。CMY是3种印刷油墨名称的首字母，C代表Cyan（青色），M代表Magenta（洋红），Y代表Yellow（黄色），

而K代表Black（黑色），这是为了避免与Blue（蓝色）混淆，因此黑色选用的是Black最后一个字母K。在"通道"面板中可以查看到4种颜色通道的状态信息，如图6-4所示。

图6-4

提示

一般在制作需要印刷的图像时，就需要用到CMYK颜色模式。将RGB图像转换为CMYK图像会产生分色现象。如果原始图像是RGB图像，那么建议先在RGB颜色模式下进行编辑，编辑结束后再转换为CMYK颜色模式。在RGB模式下，可以通过执行"视图>校样设置"菜单下的子命令来模拟转换CMYK后的效果。

3.Lab颜色模式

Lab颜色模式是由照度（L）和有关色彩的a、b这3个要素组成，L表示Luminosity（照度），相当于亮度；a表示从红色到绿色的范围；b表示从黄色到蓝色的范围，如图6-5所示。Lab颜色模式的亮度分量（L）范围是0~100，在Adobe拾色器和"颜色"面板中，a分量（绿色−红色轴）和b分量（蓝色−黄色轴）的范围是−128~+127。

图6-5

提示

Lab颜色模式是最接近真实世界颜色的一种色彩模式，它同时包括RGB颜色模式和CMYK颜色模式中的所有颜色信息，所以在将RGB颜色模式转换成CMYK颜色模式之前，建议先将RGB颜色模式转换成Lab颜色模式，再将Lab颜色模式转换成CMYK颜色模式，这样会减少颜色信息的丢失。

6.2 图像的明暗调整

明暗调整命令主要用于调整太亮或太暗的图像。很多图像由于外界因素的影响，会出现曝光不足、曝光过度的现象，这时就可以利用明暗调整来处理图像，以达到理想的效果。

6.2.1 亮度/对比度

命令："图像>调整>亮度/对比度"菜单命令 **作用：**调整图像的亮度和对比度

使用"亮度/对比度"命令可以对图像的色调范围进行简单的调整。打开一张图像，然后执行"图像>调整>亮度/对比度"菜单命令，

打开"亮度/对比度"对话框，如图6-6所示。该命令操作简单，直接输入参数值或调整滑块即可。

图6-6

亮度/对比度对话框选项介绍

亮度：用来设置图像的整体亮度。数值为负值时，表示降低图像的亮度；数值为正值时，表示提高图像的亮度。

对比度：用于设置图像亮度对比的强烈程度。数值越低，对比度越低；数值越高，对比度越高。

6.2.2 色阶

命令："图像>调整>色阶"菜单命令 **作用：**调整图像的明暗效果 **快捷键：**Ctrl+L

"色阶"命令是一个非常强大的颜色与色调调整工具，它可以对图像的阴影、中间调和高光强度级别进行调整，从而校正图像的色调范围和色彩平衡。另外，"色阶"命令还可以分别对各个通道进行调整，以校正图像的色彩。执行"图像>调整>色阶"菜单命令或按快捷键Ctrl+L，打开"色阶"对话框，如图6-7所示。

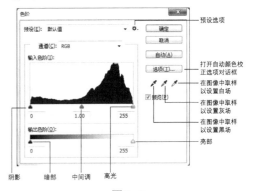

图6-7

色阶对话框选项介绍

预设：单击"预设"下拉列表，可以选择一种预设的色阶调整选项来对图像进行调整。

预设选项 ✿ ：单击该按钮，可以对当前设置的参数进行保存，或载入一个外部的预设调整文件。

通道：在"通道"下拉列表中可以选择一个通道来对图像进行调整，以校正图像的颜色。

吸管工具：包括设置黑场 ✎ 、设置灰场 ✎ 和设置白场 ✎ 。

选择设置黑场吸管工具在图像中单击，所单击的点定为图像中最暗的区域，比该点暗的区域都变为黑色，比该点亮的区域相应地变暗；选择设置灰场吸管工具在图像中单击，可将图像中的单击选取位置的颜色定义为图像中的偏色，从而使图像的色调重新分布，可以用来处理图像的偏色；选择设置白场吸管工具在图像中单击，所单击的点定为图像中最亮的区域，比该点亮的区域都变成白色，比该点暗的区域相应地变亮。

图6-8为原图，打开"色阶"对话框，选择设置黑场吸管工具 ✎ 在人物头发上单击，如图6-9所示；选择设置灰色吸管工具 ✎ 在人物额头上单击，如图6-10所示；选择设置白场吸管工具 ✎ 在人物额头上单击，如图6-11所示。

图6-8　　　　　图6-9

图6-10　　　　图6-11

输入色阶/输出色阶：通过调整输入色阶和输出色阶下方相对应的滑块可以调整图像的亮度和对比度。

6.2.3 曲线

命令："图像>调整>曲线"菜单命令　作用：调整图像的明暗效果　快捷键：Ctrl+M

"曲线"命令是非常重要的调整命令，也是实际工作中使用频率很高的调整命令，它具有"亮度/对比度""阈值"和"色阶"等命令的功能。通过调整曲线的形状，可以对图像的色调进行非常精确的调整。打开一张图像，然后执行"曲线>调整>曲线"菜单命令或按快捷键Ctrl+M，打开"曲线"对话框，如图6-12所示。

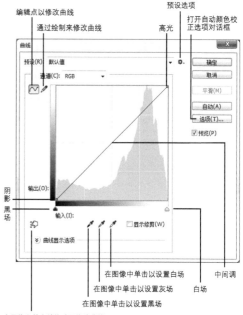

图6-12

曲线对话框选项介绍

预设选项 ✿ ：单击该按钮，可以对当前设置的参数进行保存，或载入一个外部的预设调整文件。

125

通道：在"通道"下拉列表中可以选择一个通道来对图像进行调整，以校正图像的颜色。

编辑点以修改曲线～：使用该工具在曲线上单击，可以添加新的控制点，通过拖曳控制点可以改变曲线的形状，从而达到调整图像的目的，如图6-13和图6-14所示。

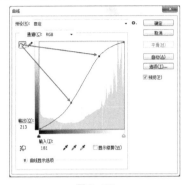

图6-13

图6-14

通过绘制来修改曲线✎：使用该工具可以以手绘的方式自由绘制出曲线，绘制好曲线以后单击"编辑点以修改曲线"按钮～，可以显示出曲线上的控制点，如图6-15~图6-17所示。

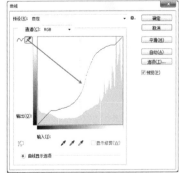

图6-15

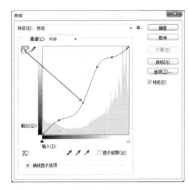

图6-16

图6-17

6.2.4 曝光度

命令："图像>调整>曝光度"菜单命令
作用：调整图像的曝光效果

"曝光度"命令专门用于调整HDR图像的曝光效果，它是通过在线性颜色空间（而不是当前颜色空间）执行计算而得出的曝光效果。打开一张图像，然后执行"图像>调整>曝光度"菜单命令，打开"曝光度"对话框，如图6-18所示。

图6-18

曝光度：向左拖曳滑块，可以降低曝光效果，如图6-19所示；向右拖曳滑块，可以增强曝光效果，如图6-20所示。

图6-19 　　　　　　图6-20

位移：该选项主要对阴影和中间调起作用，可以使其变暗，但对高光基本不会产生影响。

灰度系数校正：使用一种乘方函数来调整图像灰度系数。

6.2.5 阴影/高光

命令："图像>调整>阴影/高光"菜单命令
作用：修复图像的亮部和暗部

"阴影/高光"命令可以基于阴影/高光中的局部相邻像素来校正每个像素，在调整阴影区域时，对高光区域的影响很小，而调整高光区域又对阴影区域的影响很小。打开一张图像，然后执行"图像>调整>阴影/高光"菜单命令，打开"阴影/高光"对话框，如图6-21所示。

图6-21

阴影/高光对话框选项介绍

阴影："数量"选项用来控制阴影区域的亮度，值越大，阴影区域就越亮。

高光："数量"用来控制高光区域的黑暗程度，值越大，高光区域越暗。

操作练习 加深图像对比

» 实例位置　实例文件>CH06>操作练习：加深图像对比.psd
» 素材位置　素材文件>CH06>素材01.jpg
» 视频名称　加深图像对比.mp4
» 技术掌握　运用曲线调整图片亮度

本例运用曲线工具提高图片的亮度，加深对比，使图片效果更加出众。

01 打开学习资源中的"素材文件>CH06>素材01.jpg"文件，如图6-22所示。

02 创建一个"曲线"调整图层，然后在"属性"面板中将曲线调节成如图6-23所示的形状，效果如图6-24所示。

图6-22

图6-23

图6-24

6.3　图像的色彩调整

常用的图像的色彩调整命令包括"色相/饱和度""通道混合器"和"色彩平衡"等，它们被广泛地应用于数码照片的处理上。

6.3.1　自然饱和度

命令："图像>调整>自然饱和度"菜单命令

作用：调整图像的饱和度

使用"自然饱和度"命令可以快速调整图像的饱和度，并且可以在增加图像饱和度的同时有效地控制颜色过于饱和而出现溢色现象。执行"图像>调整>自然饱和度"菜单命令，打开"自然饱和度"对话框，如图6-25所示。

图6-25

自然饱和度对话框选项介绍

自然饱和度：向左拖曳滑块，可以降低颜色的饱和度，如图6-26所示；向右拖曳滑块，可以增加颜色的饱和度，如图6-27所示。

图6-26

图6-27

提示

调节"自然饱和度"选项，不会生成饱和度过高或过低的颜色，画面始终会保持一个比较平衡的色调，对于调节人像非常有用。

饱和度：向右拖曳滑块，可以增加所有颜色的饱和度，如图6-28所示；向左拖曳滑块，可以降低所有颜色的饱和度，如图6-29所示。

图6-28

图6-29

6.3.2　色相/饱和度

命令："图像>调整>色相/饱和度"菜单命令　**作用：调整图像的色相和饱和度**　**快捷键：Ctrl+U**

使用"色相/饱和度"命令可以调整整个图像或选区内图像的色相、饱和度和明度，同时也可以对单个通道进行调整。该命令是实际工作中使用频率很高的调整命令。执行"图像>调整>色相/饱和度"菜单命令或按快捷键Ctrl+U，打开"色相/饱和度"对话框，如图6-30所示。

图6-30

色相/饱和度对话框选项介绍

全图：选择全图时，色彩调整针对整个图像的色彩，也可以为要调整的颜色选取一个预设颜色范围。

色相：用于调整图像的色彩倾向。在对应的文本框输入数值或直接拖动滑块即可改变颜色倾向，如图6-31所示。

图6-31

饱和度：用于调整图像中像素的颜色饱和度。数值越高颜色越浓，反之则图像越淡，如图6-32和图6-33所示。

明度：调色图像中像素的明暗程度。数值越高图像越亮，反之则越暗，如图6-34和图6-35所示。

图6-32

图6-33

图6-34

图6-35

着色：勾选时，可以消除图像中的黑白或彩色元素，从而转换为单色调。

6.3.3 色彩平衡

命令： "图像>调整>色彩平衡" 菜单命令

作用： 调整图像的色彩平衡　　**快捷键：** Ctrl+B

对于普通的色彩校正，"色彩平衡"命令可以更改图像总体颜色的混合程度。打开一张图像，如图6-36所示，然后执行"图像>调整>色彩平衡"菜单命令或按快捷键Ctrl+B，打开"色彩平衡"对话框，如图6-37所示。

图6-36

图6-37

通过调整"青色-红色""洋红-绿色"以及"黄色-蓝色"在图像中所占的比例更改图像颜色，数值可以手动输入，也可以拖曳滑块来进行调整。例如，向左拖曳"青色-红色"滑块，可以在图像中增加青色，同时减少其补色红色，如图6-38所示；向右拖曳"青色-红色"滑块，可以在图像中增加红色，同时减少其补色青色，如图6-39所示。

图6-38

图6-39

6.3.4 黑白与去色

命令： "图像>调整>黑白" 菜单命令

作用： 对图像进行去色处理　　**快捷键：** Alt+Shift+Ctrl+B

命令： "图像>调整>去色" 菜单命令

作用： 对图像进行去色处理

快捷键： Shift+Ctrl+U

通过执行调整命令中的"黑白"和"去色"命令，可以对图像进行去色处理。不同的是，"黑白"命令对图像中的黑白亮度进行调整，并调整出单调的图像效果；而"去色"命令只能将图像中的色彩直接去掉，使图像保留原来的亮度。

执行"图像>调整>黑白"菜单命令，打开"黑白"对话框，如图6-40所示设置参数，得到如图6-41所示的效果；执行"图像>调整>去色"菜单命令，为图像去色，效果如图6-42所示。

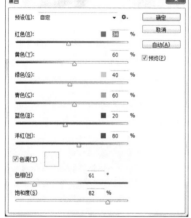

图6-40

图6-41

图6-42

6.3.5 照片滤镜

命令："图像>调整>照片滤镜"菜单命令
作用：添加彩色滤镜

使用"照片滤镜"命令可以模仿在相机镜头前面添加彩色滤镜的效果，以便调整通过镜头传输的光的色彩平衡、色温和胶片曝光。"照片滤镜"允许选取一种颜色将色相调整应用到图像中。执行"图像>调整>照片滤镜"菜单命令，打开"照片滤镜"对话框，如图6-43所示。

图6-43

6.3.6 通道混合器

命令："图像>调整>通道混合器"菜单命令 作用：调整图像的通道颜色

使用"通道混合器"命令可以对图像的某一个通道的颜色进行调整，以创建出各种不同色调的图像，同时也可以用来创建高品质的灰度图像。打开一张图像，然后执行"图像>调整>通道混合器"菜单命令，打开"通道混合器"对话框，如图6-44所示。

图6-44

通道混合器对话框选项介绍

输出通道：在下拉列表中可以选择一种通道来对图像的色调进行调整。

源通道：用来设置源通道在输出通道中所占的百分比。将一个源通道的滑块向左拖曳，可以减小该通道在输出通道中所占的百分比，如图6-45所示；向右拖曳，则可以增百分比，如图6-46所示。

图6-45　　　　　图6-46

常数：用来设置输出通道的灰度值。负值可以在通道中增加黑色，正值可以通道中增加白色。

单色：勾选该选项以后，可以将彩色图像转换为黑白图像。

6.3.7 可选颜色

命令："图像>调整>可选颜色"菜单命令
作用：调整图像的指定颜色

"可选颜色"命令是一个很重要的调色命令，它可以在图像中的每个主要原色成分中更改印刷色的数量，也可以有选择地修改任何主要颜色中的印刷色数量，并且不会影响其他主要颜色。打开一张图像，然后执行"图像>调整>可选颜色"菜单命令，打开"可选颜色"对话框，如图6-47所示。

图6-47

可选颜色对话框选项介绍

颜色：用来设置图像中需要改变的颜色。单击下拉列表按钮，在弹出的下拉列表中选择需要改变的颜色，可以通过下方的青色、洋红、黄色、黑色的滑块对选择的颜色进行设置，设置的参数越小颜色越淡，反之则越浓，如图6-48和图6-49所示。

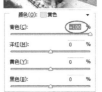

图6-48　　　　　图6-49

方法：用来设置墨水的量，包括相对和绝对两个选项。相对是指按照调整后总量的百分比来更改现有的青色、洋红、黄色或黑色的量，该选项不能调整纯色白光，因为它不包括颜色成分；绝对是指采用绝对值调整颜色。

6.3.8 变化

命令："图像>调整>变化"菜单命令　作用：快速调整图像色调

"变化"命令通过显示调整效果的缩略图，可以很直观、简单地调整图像的色彩平衡、饱和度和对比度。它的功能相当于"色彩平衡"命令再加"色相/饱和度"命令的功能。但是，它可以更精确、更方便地调整图像颜色。该命令主要应用于不需要精确色彩调整的平均色调图像。

打开一张图像，如图6-50所示，然后执行"图像>调整>变化"菜单命令，打开"变化"对话框，如图6-51所示。单击相应颜色的预览图标，图像颜色就会增加一个等级，在对话框中使用"精细/粗糙"选项滑块可以调整颜色浓度，向"精细"拖动滑块则颜色越细腻，反之则颜色越强烈。

图6-50

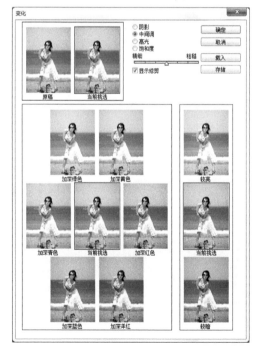

图6-51

6.3.9 匹配颜色

命令："图像>调整>匹配颜色"菜单命令
作用：拷贝图像色调

使用"匹配颜色"命令可以同时将两个图像更改为相同的色调，即将一个图像（源图像）的颜色与另一个图像（目标图像）的颜色匹配起来。如果希望不同照片中的色调看上去一致，或者当一个图像中特定元素的颜色必须和另一个图像中的某个元素的颜色相匹配时，该命令非常实用，其对话框如图6-52所示。

图6-52

匹配颜色对话框选项介绍

图像选项：该选项组用于设置图像的混合选项，如明亮度、颜色混合强度等。

明亮度：用于调整图像匹配的明亮程度。数值小于100，混合效果越暗；数值大于100，混合效果越亮。

颜色强度：该选项相当于图像的饱和度。数值越低，混合后的饱和度越低；数值越高，混合后的饱和度越高。

渐隐：该选项有点类似于图层蒙版，它决定了有多少源图像的颜色匹配到目标图像的颜色中。数值越低，源图像匹配到目标图像的颜色越多；数值越高，源图像匹配到目标图像的颜色越少。

中和：勾选该选项后，可以消除图像中的偏色现象。

图像统计：该选项组用于选择要混合目标图像的源图像以及设置源图像的相关选项。

源：用来选择源图像，即将颜色匹配到目标图像的图像。

6.3.10 替换颜色

命令："图像>调整>替换颜色"菜单命令
作用：替换图像颜色

使用"替换颜色"命令可以将选定的颜色替换为其他颜色，颜色的替换是通过更改选定颜色的色相、饱和度和明度来实现的。打开一张图像，然后执行"图像>调整>替换颜色"菜单命令，打开"替换颜色"对话框，如图6-53所示。

图6-53

替换颜色对话框选项介绍

吸管：使用"吸管工具" 📷 在图像上单击，可以选中单击点处的颜色，同时在"选区"缩略图中也会显示选中的颜色区域（白色代表选中的颜色，黑色代表未选中的颜色），如图6-54所示；使用"添加到取样" 📷 在图像上单击，可以将单击点处的颜色添加到选中的颜色中；使用"从取样中减去" 📷 在图像上单击，可以将单击点处的颜色从选定的颜色中减去。

图6-54

颜色容差：该选项用来控制选中颜色的范围。数值越大，选中的颜色范围越广。

结果：该选项用于显示结果颜色，同时也可以用来选择替换的结果颜色。

色相/饱和度/明度：这3个选项与"色相/饱和度"命令的3个选项相同，可以调整选中颜色的色相、饱和度和明度。

6.3.11 色调均化

命令："图像>调整>色调均化"菜单命令
作用：重新分布像素亮度值

使用"色调均化"命令可以重新分布图像中像素的亮度值，以使它们更均匀地呈现所有范围的亮度级（即0~255）。使用该命令时，图像中最亮的值将变成白色，最暗的值将变成黑色，中间的值将分布在整个灰度范围内。打开一张图像，如图6-55所示，然后执行"图像>调整>色调均化"菜单命令，效果如图6-56所示。

图6-55

图6-56

图6-58

操作练习 制作局部留色艺术效果

- » 实例位置　实例文件>CH06>操作练习：制作局部留色艺术效果.psd
- » 素材位置　素材文件>CH06>素材02.jpg
- » 视频名称　制作局部留色艺术效果.mp4
- » 技术掌握　运用色相/饱和度调色

本例主要针对"色相/饱和度"命令的使用方法进行练习，使用"色相/饱和度"命令制作局部留色艺术效果。

图6-59

01 打开学习资源中的"素材文件>CH06>素材02.jpg"文件，如图6-57所示，然后使用"磁性套索工具" 沿着人物边缘抠出图像，如图6-58所示。

02 执行"选择>反方"菜单命令反选选区，如图6-59所示，然后按快捷键Ctrl+J拷贝选区图像，如图6-60所示。

图6-60

03 选择"图层1"，然后执行"图像>调整>色相/饱和度"菜单命令，打开"色相/饱和度"对话框，按如图6-61所示调整参数，接着单击"确定"按钮，效果如图6-62所示。

图6-57

图6-61

图6-62

👆 操作练习 快速调整图像色调

» 实例位置　实例文件>CH06>操作练习：快速调整图像色调.psd
» 素材位置　素材文件>CH06>素材03.jpg、素材04.jpg
» 视频名称　快速调整图像色调.mp4
» 技术掌握　匹配颜色命令的用法

本例主要针对匹配颜色命令的使用方法进行练习，将某张图片的色调匹配到另一张图片上。

01 打开学习资源中的"素材文件>CH06>素材03.jpg、素材04.jpg"文件，如图6-63所示。

图6-63

02 选择第一张图像，然后执行"图像>调整>匹配颜色"菜单命令，接着在弹出的"匹配颜色"对话框中设置参数，如图6-64所示，最后单击确定按钮，最终效果如图6-65所示。

图6-64

图6-65

　　调整图像的特殊色调时，可以运用反相、色调分离、渐变映射等命令，使图像呈现出不一样的视觉效果。

6.4.1　反相

命令："图像>调整>反相"菜单命令　作用：反转图像颜色　快捷键：Ctrl+I

　　使用"反相"命令可以将图像中的某种颜色转换为它的补色，即将原来的黑色变成白色，或将原来的白色变成黑色，从而创建出负片效果。打开一张图像，如图6-66所示，然后执行"图层>调整>反相"命令或按快捷键Ctrl+I，即可得到反相效果，如图6-67所示。

图6-66　　　　　　　图6-67

6.4.2　色调分离

命令："图像>调整>色调分离"菜单命令　作用：相近的颜色融合成块面

　　使用"色调分离"命令可以指定图像中每个通道的色调级数目或亮度值，并将像素映射到最接近的匹配级别。打开一张图像，然后执

行"图像>调整>色调分离"菜单命令,打开
"色调分离"对话框,如图6-68所示,设置的
"色阶"值越小,分离的色调越多,值越大,
保留的图像细节就越多,图6-69所示是应用色
调分离后
的效果。

图6-68

图6-69

6.4.3 阈值

**命令:"图像>调整>阈值"菜单命令 作用:
将图像调整为高对比黑白图像**

使用"阈值"命令可以将彩色图像或者灰
度图像转换为高对比度的黑白图像。当指定某
个色阶作为阈值时,所有比阈值暗的像素都将
转换为黑色,而所有比阈值亮的像素都将转换
为白色。

打开一个素材文件,如图6-70所示,将
"背景"复制一层,然后执行"图像>调整>
阈值"命令,打开"阈值"对话框,默认参数
为128,如图6-71所示,图像效果如图6-72
所示,接着单击"确定"按钮,最后将图层
"混合模式"设置为"柔光",可以得到一种
类似淡
彩的效
果,如
图6-73
所示。

图6-70

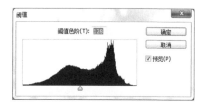

图6-71

图6-72

图6-73

6.4.4 渐变映射

**命令:"图像>调整>渐变映射"菜单命令
作用:将渐变色映射到图像上**

顾名思义,"渐变映射"就是将渐变色映
射到图像上。在影射过程中,先将图像转换为
灰度图像,然后将相等的图像灰度范围映射到
指定的渐变填充色。
打开一张图像,如图
6-74所示,然后执
行"图像>调整>渐变
映射"菜单命令,打
开"渐变映射"对话
框,如图6-75所示,
效果如图6-76所示。

图6-74

137

图6-75

图6-76

👆 **操作练习** 打造高贵紫色调图片

» 实例位置　实例文件>CH06>操作练习：打造高贵紫色调
　图片.psd
» 素材位置　素材文件>CH06>素材05.jpg
» 视频名称　打造高贵紫色调图片.mp4
» 技术掌握　用渐变映射命令调整照片的色调

通过"渐变映射"命令可以调整图片的色调，本例运用该命令将普通图片调整为高贵的紫色调效果。

01 打开学习资源中的"素材文件>CH06>素材05.jpg"文件，如图6-77所示。

图6-77

02 创建一个"曲线"调整图层，然后拉伸曲线提高画面亮度，效果如图6-78所示。

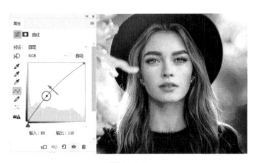

图6-78

03 创建一个"渐变映射"调整图层，然后在"属性"面板中单击渐变条，打开"渐变编辑器"对话框，接着设置第1个色标的颜色（R:29，G:10，B:102）、第2个色标的颜色（R:255，G:229，B:110），如图6-79所示，效果如图6-80所示。

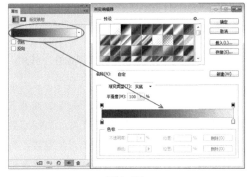

图6-79

图6-80

04 创建一个"色相/饱和度"调整图层，然后在"属性"面板中设置"明度"为-42，接着使用黑色"画笔工具"✐在调整图层的蒙版中涂去中间区域，只保留对4个角的调整，效果如图6-81所示。

图6-81

05 创建一个"可选颜色"调整图层,在"属性"面板中设置"颜色"为"黄色","黄色"为-80%,如图6-82所示;设置"颜色"为"蓝色","青色"为100%,"黑色"为45%,如图6-83所示,最终效果如图6-84所示。

图6-82   图6-83

图6-84

6.5 综合练习

图像调色用到的命令不外乎就是曲线、色相饱和度、色彩平衡等,熟练运用这些命令,可以轻松调出所需的颜色。

综合练习 打造科幻电影大片

» 实例位置　实例文件>CH06>综合练习:打造科幻电影大片.psd
» 素材位置　素材文件>CH06>素材06.jpg、素材07.png
» 视频名称　打造科幻电影大片.mp4
» 技术掌握　科幻电影大片画面的调色方法

科幻电影大片的画面一般都比较酷炫,这里将原图的整体色调调整为黄昏的暖色调,然后加入光效,体现科幻感。

01 打开学习资源中的"素材文件>CH06>素材06.jpg"文件,如图6-85所示。

图6-85

02 创建一个"可选颜色"调整图层,在"属性"面板中设置"颜色"为"黄色","洋红"为13%,如图6-86所示;设置"颜色"为"蓝色","青色"为70%、"洋红"为61%、"黄色"为70%,如图6-87所示;设置"颜色"为"黑色","黑色"为13%,如图6-88所示,效果如图6-89所示。

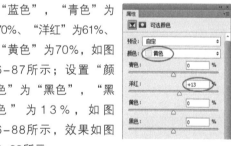

图6-86

图6-87   图6-88

图6-89

03 再次创建一个"可选颜色"调整图层，然后在"属性"面板中设置"颜色"为"红色"，"青色"为30%、"洋红"为-32%，如图6-90所示；接着设置"颜色"为"黄色"，"青色"为97%、"洋红"为-15%、"黄色"为-36%，如图6-91所示；最后使用黑色"画笔工具" 在该调整图层的蒙版中涂去植物以外的部分，效果如图6-92所示。

图6-90　　　　　图6-91

图6-92

04 创建一个"曲线"调整图层，然后在"属性"面板中调节曲线，接着使用黑色"画笔工具" 在该调整图层的蒙版中涂去最亮的天空以外的部分，效果如图6-93所示。

图6-93

05 继续创建一个"曲线"调整图层，然后在"属性"面板中调节曲线，接着使用黑色"画笔工具" 在该调整图层的蒙版中涂去4个边角区域，效果如图6-94所示。

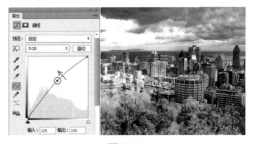

图6-94

06 创建一个"照片滤镜"调整图层，然后在"属性"面板中勾选"颜色"选项，接着设置颜色为（R:172，G:122，B:51）、"浓度"为91%，效果如图6-95所示。

图6-95

07 创建一个"曲线"调整图层，然后在"属性"面板中调节曲线，接着使用黑色"画笔工具" 在该调整图层的蒙版中涂去中间部分，效果如图6-96所示。

08 导入学习资源中的"素材文件>CH06>素材07.png"文件，将其放在最亮的天空下作为光线特效，如图6-97所示。

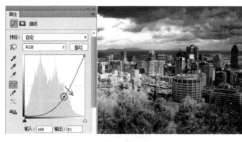

图6-96

图6-97

09 使用"横排文字工具"$\boxed{T}$在风景照的左下角输入相应的文字信息，最终效果如图6-98所示。

图6-98

综合练习　打造暗冷色复古建筑照片

» 实例位置　实例文件>CH06>综合练习：打造暗冷色复古建筑照片.psd
» 素材位置　素材文件>CH06>素材08.jpg
» 视频名称　打造暗冷色复古建筑照片.mp4
» 技术掌握　暗冷色复古建筑照片的调色方法

冷色复古照片的饱和度通常较低，整体色调偏冷色，本例主要运用"照片滤镜"和"色彩平衡"进行调整。

01 打开学习资源中的"素材文件>CH06>素材08.jpg"文件，如图6-99所示。

02 拷贝一个图层，然后调整图层"混合模式"为"正片叠底"，接着添加图层蒙版，使用黑色画笔在蒙版中找回一些细节，如图6-100所示。

图6-99

图6-100

03 选择图层，然后执行"图像>调整>照片滤镜"菜单命令，打开照片滤镜对话框，设置"滤镜"为冷却滤镜（82），效果如图6-101所示。

图6-101

04 执行"图像>调整>色相/饱和度"菜单命令，打开色相/饱和度对话框，适当降低饱和度，效果如图6-102所示。

图6-102

05 执行"图像>调整>色彩平衡"菜单命令，打开色彩平衡对话框，调整参数，效果如图6-103所示。

图6-103

06 新建图层并打开渐变编辑器，选择前景色到透明渐变，如图6-104所示，然后为图层添加径向渐变效果，如图6-105所示。

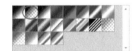

图6-104

图6-105

07 降低渐变图层透明度，然后为图层添加蒙版，接着使用黑色画笔涂抹图像中间区域，效果如图6-106所示。

图6-106

08 使用"横排文字工具" T. 在风景照的右下角输入相应的文字信息，最终效果如图6-107所示。

图6-107

6.6 课后习题

通过对这一课的学习，相信读者对图像调色有了深入的了解，下面通过两个课后习题来巩固前面所学到的知识。

课后习题 个性色调调整

» 实例位置　实例文件>CH06>课后习题：个性色调调整.psd
» 素材位置　素材文件>CH06>素材09.jpg
» 视频名称　个性色调调整.mp4
» 技术掌握　个性色调调整的调色方法

顾名思义，个性色调就是比较不随大流的、有个人想法的色调，本例运用调色工具和混合模式完成个性色调的调整。

⊙ 制作提示

第1步： 打开素材文件，如图6-108所示，然后仔细观察分析原图，发现这张照片稍微有点平淡。

图6-108

第2步：复制图像，对图像进行去色处理，然后调整混合模式，如图6-109所示。

图6-109

第3步：添加纯色层，然后调整混合模式，如图6-110所示。

图6-110

第4步：盖印图层，然后执行"图像>应用图像"菜单命令，并修改"混合"选项，最终效果如图6-111所示。

图6-111

课后习题 增强照片的夕阳效果

» 实例位置　实例文件>CH06>课后习题：增强照片的夕阳效果.psd
» 素材位置　素材文件>CH06>素材10.jpg
» 视频名称　增强照片的夕阳效果.mp4
» 技术掌握　夕阳效果的调色方法

很多时候，我们自己拍的照片没有想象中那么好的效果，或者说是效果不明显，这里介绍一种简单的增强照片效果的方法。

⊙ **制作提示**

第1步：打开素材文件，如图6-112所示，分析原图问题，发现天空太亮，夕阳的感觉太弱。

图6-112

第2步：复制图像，调整图像的"曲线"和"亮度/对比度"，加强图像的明暗对比，如图6-113所示。

第3步：新建调整图层，打开"亮度/对比度"对话框，然后调整红场和蓝场，最终效果如图6-114所示。

图6-113

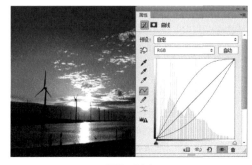
图6-114

6.7 本课笔记

文字

Photoshop中的文字由基于矢量的文字轮廓组成，这些形状可以用于表现字母、数字和符号。编辑文字时，可以任意缩放文字或调整文字大小，不会产生锯齿现象。在保存文字时，Photoshop可以保留基于矢量的文字轮廓，文字的输出与图像的分辨率无关。

学习要点

» 文字创建工具
» 创建与编辑文本

» 字符/段落面板

7.1 文字创建工具

Photoshop提供了4种创建文字的工具。"横排文字工具" T.和"直排文字工具" IT.主要用来创建点文字、段落文字和路径文字，"横排文字蒙版工具" T.和"直排文字蒙版工具"主要用来创建文字选区。

7.1.1 文字工具

Photoshop提供了两种输入文字的工具，分别是"横排文字工具" T.和"直排文字工具" IT.。"横排文字工具" T.可以用来输入横向排列的文字，"直排文字工具" IT.可以用来输入竖向排列的文字。

在工具箱中选择"横排文字工具" T.，然后在图像上单击鼠标，出现闪动的插入光标，如图7-1所示，此时可以输入文字，图7-2所示是输入的文字。横排文字工具的选项栏如图7-3所示。

图7-1　　　　　　　图7-2

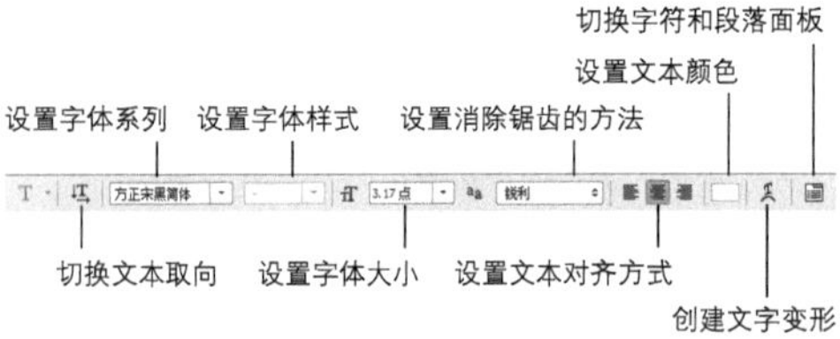

切换字符和段落面板
设置文本颜色
设置字体系列　设置字体样式　设置消除锯齿的方法

T. · IT. 方正毛黑简体 · · · 3.17点 · aa 锐利 · 三 三 三 □ 工

切换文本取向　　设置字体大小　设置文本对齐方式

创建文字变形

图7-3

横排文字工具选项介绍

切换文本取向 凹：如果当前文字是使用"横排文字工具" T.输入的，选中文本以后，

在选项栏中单击"切换文本取向"按钮凹，可以将横向排列的文字更改为竖向排列的文字。

设置字体系列：设置文字的字体。在文档中输入文字以后，如果要更改字体的系列，可以在文档中选择文本，然后在选项栏中单击"设置字体系列"下拉列表，选择想要的字体即可。

设置字体样式：设置文字形态。输入英文以后，可以在选项栏中设置字体的样式，包括Regular（规则）、Italic（斜体）、Bold（粗体）和Bold Italic（粗斜体）。

提示
注意，只有部分英文可以设置字体样式。

设置字体大小：输入文字以后，如果要更改字体的大小，可以直接在选项栏中输入数值，也可以在下拉列表中选择预设的字体大小。

设置消除锯齿的方法：输入文字以后，可以在选项栏中为文字指定一种消除锯齿的方式，包括"无""锐利""犀利""浑厚""平滑"。

设置文本对齐方式：文字工具的选项栏中提供了3种设置文本段落对齐方式的按钮，选择文本以后，单击所需要的对齐按钮，就可以使文本按指定的方式对齐，包括"左对齐文本"、"居中对齐文本"和"右对齐文本"。

提示
如果当前使用的是"直排文字工具"，对齐按钮分别会变成"顶对齐文本"按钮、"居中对齐文本"按钮和"底对齐文本"按钮，如图7-4所示。

aa 锐利 · 三 三 三 ■ 工

图7-4

设置文本颜色：设置文字的颜色。输入文本时，文本颜色默认为前景色，如果要修改文

字颜色，可以先在文档中选择文本，然后在选项栏中单击颜色块，在弹出的"拾色器（文本颜色）"对话框中设置所需要的颜色。

创建文字变形 $\underline{\mathcal{I}}$：单击该按钮，可以打开"变形文字"对话框，在该对话框中可以选择文字变形的方式。

切换字符和段落面板 $\underline{\boxplus}$：单击该按钮，可以打开"字符"面板和"段落"面板，用来调整文字格式和段落格式。

输入文字后，在"图层"面板中可以看到新生成一个文字图层，在图层上有一个T字母，表示当前的图层是文字图层，如图7-5所示。Photoshop会自动按照输入的文字命名新建的文字图层。

图7-5

文字图层可以随时进行编辑。直接使用文字工具在图像中的文字上拖曳，或用任意工具双击"图层"面板中文字图层上带有字母T的文字图层缩略图，都可以将文字选中，然后通过文字工具选项栏中的各项设定进行修改。

7.1.2 文字蒙版工具

文字蒙版工具包括"横排文字蒙版工具" $\boxed{\text{T}}$ 和"直排文字蒙版工具" $\boxed{\text{IT}}$ 两种。使用横排（或直排）文字蒙版工具在画布上单击鼠标，默认状态下，图像会变为半透明的红色，并且出现一个光标，表示可以输入文本。如果觉得文字位置不合适，将光标放在文本的周围，当光标变为一个像移动工具的箭头时，可以拖动位置。输入文字后，文字将以选区的形式出现，如图7-6所示。在文字选区中，可以填

充前景色、背景色及渐变色等，如图7-7所示。

图7-6　　　　图7-7

提示

使用文字蒙版工具输入文字后得到的选区，建议新建一个图层，再进行填充、渐变或描边等操作。

🖑 操作练习　制作多彩文字

» 实例位置　实例文件>CH07>操作练习：制作多彩文字.psd
» 素材位置　素材文件>CH07>素材01.jpg
» 视频名称　制作多彩文字.mp4
» 技术掌握　文字颜色的设置方法

本例主要针对文字颜色的设置方法进行练习，同时配合"色相/饱和度"进行调色，制作出多彩的文字效果。

01　按快捷键Ctrl+N新建一个文档，具体参数设置如图7-8所示。

02　设置前景色为黑色，然后按快捷键Alt+Delete用前景色填充"背景"图层，接着单击"横排文字工具" $\boxed{\text{T}}$，在选项栏中选择一个较粗的字体，并设置字体大小为120.82点、字体颜色为白色，最后在画布中间输入英文colourful，如图7-9所示。

图7-8

图7-9

03 在"图层"面板中双击文字图层的缩略图，选择所有的文本，然后单独选择字母C，接着在选项栏中单击颜色块，并在弹出的"拾色器（文本颜色）"对话框中设置颜色为（R:152，G:5，B:213），如图7-10所示。采用相同的方法将其他字母更改为如图7-11所示的颜色。

图7-10

图7-11

04 按快捷键Ctrl+J拷贝一个文字图层，然后在拷贝图层的名称上单击鼠标右键，在弹出的菜单中选择"栅格化文字"命令，如图7-12所示。

图7-12

提示

如果不栅格化文字，那么将不能对其进行调色，或利用选区删除其中某个部分等。栅格化文字图层以后，就可以像操作普通图层一样编辑文字。

05 在"图层"面板下面单击"添加图层蒙版"按钮▢，为副本图层添加一个图层蒙版，然后使用"矩形选框工具"▣绘制一个如图7-13所示的矩形选区，接着设置前景色为黑色，最后按快捷键Alt+Delete用黑色填充蒙版选区，如图7-14所示。

图7-13

图7-14

06 选择文字拷贝图层，然后按快捷键Ctrl+U打开"色相/饱和度"对话框，设置"明度"为60，如图7-15所示，效果如图7-16所示。

图7-15

图7-16

07 选择原始的文字图层，然后按快捷键 Ctrl+J再次拷贝一个图层，并将其放置在原始文字图层的下一层，如图7-17所示，接着将拷贝文字图层栅格化，最后执行"滤镜>模糊>动感模糊"命令，在弹出的"动感模糊"对话框中设置"角度"为90°、"距离"为320像素，如图7-18所示，效果如图7-19所示。

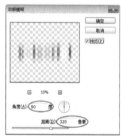

图7-17　　　　　图7-18

图7-19

08 使用"橡皮擦工具" ✐ 擦去底部的模糊部分，如图7-20所示。

图7-20

09 使用"横排文字工具" T 在英文colourful的底部输入较小的英文作为装饰，如图7-21所示，然后执行"图层>图层样式>渐变叠加"菜单命令，在弹出的"图层样式"对话框中设置"不透明度"为100%、"样式"为"线性"，接着选择一个颜色比较丰富的预设渐变，参数设置及效果如图7-22所示。

图7-21

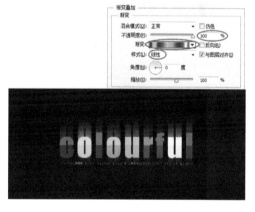

图7-22

提示

为了与上面的文字颜色统一起来，底部的小字颜色建议选用一种与大字颜色比较接近的渐变色，如图7-23所示。

图7-23

10 打开学习资源中的"素材文件>CH07>素材01.jpg"文件，然后将所有的文字拖曳到"素材01.jpg"操作界面中，最终效果如图7-24所示。

图7-24

7.2 创建与编辑文本

在Photoshop中，可以创建点文字、段落文字、路径文字和变形文字等，输入文字以后，可以对文字进行修改，如修改文字的大小写、颜色、行距等。另外，还可以检查和更正拼写、查找和替换文本、更改文字的方向等。

7.2.1 创建点文字与段落文字

点文字： 使用"横排文字工具" ⊤在画布上单击鼠标，输入的文字称为点文字。点文字是一个水平或垂直的文本行，每行文字都是独立的，行的长度随着文字的输入而不断增加，但是不会换行，如图7-25所示。

图7-25

段落文字： 使用"横排文字工具" ⊤在画布上拖曳鼠标，可以画出一个文本框，在文本框中输入的文字称为段落文字。段落文字具有自动换行、可调整文字区域大小等优势。段落文字主要用在大量的文本中，如海报、画册等，如图7-26所示。

图7-26

7.2.2 创建路径文字

路径文字是指在路径上创建的文字，使用钢笔工具、直线工具或形状工具绘制路径，然后沿着该路径输入文本。文字会沿着路径排列，当改变路径形状时，文字的排列方式也会随之发生改变。

使用工具箱中的"钢笔工具" ∅在图像中绘制如图7-27所示的路径，然后使用工具箱中的"横排文字工具" ⊤在图像中的路径上单击鼠标，如图7-28所示，输入文字后的效果如图7-29所示。

图7-27

图7-28

图7-29

7.2.3 创建变形文字

输入文字以后，在文字工具的选项栏中单击"创建文字变形"按钮 ⊼，打开"变形文字"对话框，在该对话框中可以选择变形文字的方式，如图7-30所示。图7-31所示是各种方式的变形文字效果。

图7-30

图7-31

变形文字对话框选项介绍

水平/垂直：选择"水平"选项时，文本扭曲的方向为水平方向；选择"垂直"选项时，文本扭曲的方向为垂直方向。

弯曲：用来设置文本的弯曲程度。

水平扭曲：用来设置水平方向的透视扭曲变形的程度。

垂直扭曲：用来设置垂直方向的透视扭曲变形的程度。

7.2.4　修改文字

使用文字工具输入文字以后，在"图层"面板中双击文字图层，选择所有的文本，此时可以对文字的大小、大小写、行距、字距、水平/垂直缩放等进行设置。

7.2.5　栅格化文字

Photoshop中的文字图层不能直接应用滤镜或进行扭曲、透视等变换操作，若要对文本应用这些滤镜或变换，就需要将其栅格化，使文字变成像素图像。栅格化文字图层的方法共有以下3种。

第1种：在"图层"面板中选择文字图层，然后在图层名称上单击鼠标右键，在弹出的菜单中选择"栅格化文字"命令，如图7-32所示，就可以将文字图层转换为普通图层，如图7-33所示。

图7-32　　　　　图7-33

第2种：执行"文字>栅格化文字图层"菜单命令。

第3种：执行"图层>栅格化>文字"菜单命令。

7.2.6　将文字转换为形状

选择文字图层，然后在图层名称上单击鼠标右键，在弹出的菜单中选择"转换为形状"命令，如图7-34所示，可以将文字图层转换为形状图层，如图7-35所示。另外，执行"文字>转换为形状"菜单命令也可以将文字图层转换为形状图层。执行"转换为形状"命令以后，不会保留文字图层。

图7-34　　　　　图7-35

7.2.7 将文字转换为工作路径

在"图层"面板中选择一个文字图层，如图7-36所示，然后执行"文字>创建工作路径"菜单命令，可以将文字的轮廓转换为工作路径，如图7-37所示。

图7-36

图7-37

操作练习 创建路径文字

» 实例位置　实例文件>CH07>操作练习：创建路径文字.psd
» 素材位置　素材文件>CH07>素材02.jpg
» 视频名称　创建路径文字.mp4
» 技术掌握　路径文字的创建方法

本例主要针对路径文字的创建方法进行练习，运用路径制作简单的文字效果。

`01` 打开学习资源中的"素材文件>CH07>素材02.jpg"文件，如图7-38所示。

`02` 使用"钢笔工具" 绘制一条如图7-39所示的路径。

图7-38　　　　　　图7-39

提示

用于排列文字的路径可以是闭合式的，也可以是开放式的。

`03` 在"横排文字工具" 的选项栏中单击"切换字符和段落面板"按钮，然后在打开的"字符"面板中选择一种字体样式，设置字体大小为48点、字体颜色为（R:209，G:102，B:161）、字间距为200点，具体参数设置如图7-40所示。

图7-40

`04` 将光标放在路径上，当光标变成 状时，单击设置文字插入点，如图7-41所示，然后在路径上输入文字"愿时光温柔以待"，此时可以发现文字是沿着路径排列的，如图7-42所示。

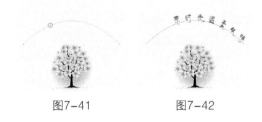

图7-41　　　　　　图7-42

提示

如果要取消选择的路径，可以在"路径"面板中的空白处单击鼠标左键。

`05` 如果要调整文字在路径上的位置，可以在"工具箱"中选择"路径选择工具" 或"直接选择工具" ，然后将光标放在文本的起点、终点或文本上，此时光标会变成 ♪ 形状，如图7-43所示。

06 当光标变成 ♪ 状时，按住鼠标拖曳光标即可沿路径移动文字，效果如图7-44所示，单击"图层"面板空白处即可隐藏路径，最终效果如图7-45所示。

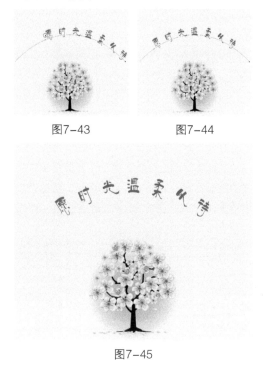

图7-43　　　　　图7-44

图7-45

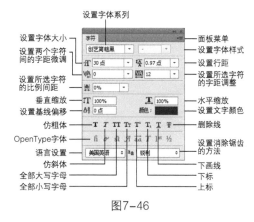

图7-46

字符面板选项介绍

设置行距 ▲：行距就是上一行文字基线与下一行文字基线之间的距离。选择需要调整的文字图层，然后在"设置行距"数值框中输入行距数值或在其下拉列表中选择预设的行距值，按Enter键即可，图7-47和图7-48所示分别是行距值为60点和80点时的文字效果。

图7-47　　　　　图7-48

设置两个字符间的字距微调 ✓A：用于设置两个字符之间的间距。设置前先在两个字符间单击鼠标左键，以设置插入点，如图7-49所示，然后对数值进行设置，图7-50所示是设置间距为200点时的效果。

图7-49　　　　　图7-50

设置所选字符的字距调整 🖳：在选择了字符的情况下，该选项用于调整所选字符之间的间距，如图7-51所示；在没有选择字符的情况

7.3 字符/段落面板

文字工具的选项栏只提供了很少的参数选项。如果要对文本进行更多的设置，就需要使用到"字符"面板和"段落"面板。

7.3.1 字符面板

"字符"面板中提供了比文字工具选项栏更多的调整选项，如图7-46所示。在"字符"面板中，字体系列、字体样式、字体大小、文字颜色和消除锯齿等都与工具选项栏中的选项相对应。

下，该选项用于调整所有字符之间的间距，如图7-52所示。

图7-51　　　　　　　图7-52

设置所选字符的比例间距🔲：在选择了字符的情况下，该选项用于调整所选字符之间的比例间距，如图7-53所示；在没有选择字符的情况下，该选项用于调整所有字符之间的比例间距，如图7-54所示。

图7-53　　　　　　　图7-54

垂直缩放🅸🆃/水平缩放🆃：这两个选项用于设置字符的高度和宽度，如图7-55和图7-56所示。

图7-55　　　　　　　图7-56

设置基线偏移🅰🅰：用于设置文字与基线之间的距离。该选项的设置可以升高或降低所选文字，如图7-57所示。

图7-57

提示
输入文字或设置文字的插入点时，会出现一条L形的垂直线，这条垂直线就是基线，如图7-58所示。

图7-58

特殊字符样式：该选项包含"仿粗体"🅃、"仿斜体"🅃、"上标"🅃、"下标"🅃等。

7.3.2　段落面板

"段落"面板提供了用于设置段落编排格式的所有选项。通过"段落"面板，可以设置段落文本的对齐方式和缩进量等参数，如图7-59所示。

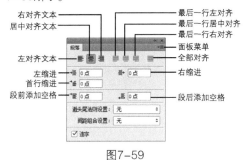

图7-59

段落面板选项介绍

左对齐文本🔲：文字左对齐，段落右端参差不齐。

居中对齐文本🔲：文字居中对齐，段落两端参差不齐。

右对齐文本🔲：文字右对齐，段落左端参差不齐。

最后一行左对齐🔲：最后一行左对齐，其他行左右两端强制对齐，如图7-60所示。

最后一行居中对齐▤：最后一行居中对齐，其他行左右两端强制对齐，如图7-61所示。

图7-60　　　　　图7-61

最后一行右对齐▤：最后一行右对齐，其他行左右两端强制对齐，如图7-62所示。

全部对齐▤：在字符间添加额外的间距，使文本左右两端强制对齐，如图7-63所示。

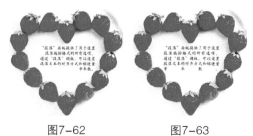

图7-62　　　　　图7-63

左缩进◆▤：用于设置段落文本向右（横排文字）或向下（直排文字）的缩进量，图7-64所示是设置"左缩进"为6点时的段落效果。

右缩进▤◆：用于设置段落文本向左（横排文字）或向上（直排文字）的缩进量，图7-65所示是设置"右缩进"为6点时的段落效果。

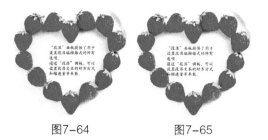

图7-64　　　　　图7-65

首行缩进⁺▤：用于设置段落文本中每个段落的第1行向右（横排文字）或第1列文字向下（直排文字）的缩进量，图7-66所示是设置"首行缩进"为10点时的段落效果。

段前添加空格⁺▤：设置光标所在段落与前一个段落之间的间隔距离，图7-67所示是设置"段前添加空格"为10点时的段落效果。

图7-66　　　　　图7-67

段后添加空格▤：设置当前段落与另外一个段落之间的间隔距离，图7-68所示是设置"段后添加空格"为10点时的段落效果。

图7-68

避头尾法则设置：不能出现在一行的开头或结尾的字符称为避头尾字符。Photoshop提供了基于标准JIS的宽松和严格的避头尾集，宽松的避头尾设置忽略长元音字符和小平假名字符。选择"JIS宽松"或"JIS严格"选项时，可以防止在一行的开头或结尾出现不能使用的字母。

间距组合设置：间距组合是为日语字符、罗马字符、标点和特殊字符在行开头、行结尾和数字的间距指定日语文本编排。选择"间距组合1"选项，可以对标点使用半角间距；选择"间距组合2"选项，可以对行中除最后一个字符外的大多数字符使用全角间距；选择"间距组合3"选项，可以对行中的大多数字符和最后一个字符使用全角间距；选择"间距组合4"选项，可以对所有字符使用全角间距。

连字：勾选该选项以后，在输入英文单词时，如果段落文本框的宽度不够，英文单词将自动换行，并将单词用连字符连接起来，如图7-69所示。

图7-69

操作练习 设计电影海报

» 实例位置　实例文件>CH07>操作练习：设计电影海报.psd
» 素材位置　素材文件>CH07>素材03.jpg
» 视频名称　设计电影海报.mp4
» 技术掌握　运用文字对比填充画面

本例要制作的是一款电影海报，主要运用文字大小对比的方法进行海报设计，将主体文字以大字体在页面中显现出来，同时选择了红色字体来凸显主要内容。

01 按快捷键Ctrl+N新建一个文档，具体参数设置如图7-70所示。

图7-70

02 选择"横排文字工具" T，然后打开"字符"面板，接着设置"字体样式"为Ash、"字体大小"为88点、"行间距"为100点、"颜色"为白色，最后在如图7-71所示的位置输入相应的文字信息。

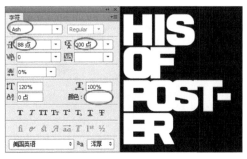

图7-71

03 打开学习资源中的"素材文件>CH07>素材03.jpg"文件，然后使用"移动工具" 将其拖曳到当前文档中，并将新生成的图层命名为"人像"图层，如图7-72所示，接着将该图层设置为文字图层的剪贴蒙版，效果如图7-73所示。

图7-72

图7-73

04 使用"矩形选框工具" 在"人像"图层绘制一个合适的矩形选区，如图7-74所示，然后按快捷键Ctrl+J复制出一个新的图层，并适当调整大小和位置，如图7-75所示，接着将"人像副本"图层设置为文字图层的剪贴蒙版，效果如图7-76所示。

图7-74

图7-75　　　　　　　图7-76

[05] 选择"横排文字工具" T.，然后打开"字符"面板，接着设置"字体样式"为SonicCutThru HV BT、"字体大小"为40点、"字间距"为25、"颜色"为白色，并选择"全部大写字母"按钮TT，最后在如图7-77所示的位置输入相应的文字信息。

图7-77

[06] 在"字符"面板中设置"字体样式"为Schadow Blk BT、"行间距"为13点、"字间距"为-25、"颜色"为（R:207，G:0，B:0），然后在如图7-78所示的位置输入相应的文字信息。

图7-78

[07] 在如图7-79所示的位置输入相应的文字信息。

图7-79

7.4　综合练习

在设计中，文字对画面的影响很大，不同的文字效果会带来不同的视觉感受。运用本课所学的相关文字工具，可以制作出丰富多彩的文字效果。

综合练习　制作浮雕文字

» 实例位置　实例文件>CH07>综合练习：制作浮雕文字.psd
» 素材位置　素材文件>CH07>素材04.jpg、素材05.jpg
» 视频名称　制作浮雕文字.mp4
» 技术掌握　浮雕文字的制作方法

本例主要针对浮雕文字以及光效的制作方法进行练习，其中也涉及了图层样式的运用。

[01] 打开学习资源中的"素材文件>CH07>素材04.jpg"文件，如图7-80所示。

图7-80

[02] 在"字符"面板中选择一种较粗的英文字体，然后设置字体大小为91.13点，具体参数设置如图7-81所示（字体颜色可随意设置），接着

使用"横排文字工具" T 在图像中输入英文字母,如图7-82所示。

03 选择文字图层,按快捷键Ctrl+T将文字进行适当的旋转,如图7-83所示。

图7-81

图7-82

图7-83

04 按住Ctrl键的同时单击文字图层的缩略图,将文字载入选区,如图7-84所示,然后回到背景图层,接着按快捷键Ctrl+J复制出选区的内容,并适当地移动位置,效果如图7-85所示。

图7-84

图7-85

05 执行"图层>图层样式>斜面和浮雕"菜单命令,打开"图层样式"对话框,然后在"斜面和浮雕"对话框中设置"深度"为75%,如图7-86所示,接着单击打开"投影"选项,在"投影"对话框中设置"距离"为13像素、"大小"为10像素,如图7-87所示,效果如图7-88所示。

06 导入学习资源中的"素材文件>CH07>素材05.jpg"文件,然后设置图层的"混合模式"为"正片叠底","不透明度"为45%,效果如图7-89所示。

图7-86   图7-87

图7-88

图7-89

07 设置前景色为黑色,然后新建一个图层,接着选择"画笔工具" ,在选项栏中选择一种裂纹画笔,如图7-90所示,最后绘制出如图7-91所示的效果,再设置图层的"混合模式"为"柔光",效果如图7-92所示。

图7-90

图7-91

图7-92

08 新建一个图层,然后设置前景色为(R:255,G:144,B:0),接着使用"椭圆选框工具" 绘制出圆形选区,并为选区填充前景色,如图7-93所示,最后执行"滤镜>模糊>高斯模糊"菜单命令,在弹出的"高斯模糊"对话框中设置"半径"为55像素,如图7-94所示,效果如图7-95所示。

图7-93

图7-94

图7-95

09 运用同样的方法制作出其他的光效效果，然后将其放置到合适的位置，如图7-96所示。

图7-96

10 在图层的最上面创建一个"曲线"调整图层，然后在"属性"面板中将曲线调节成如图7-97所示的形状，最终效果如图7-98所示。

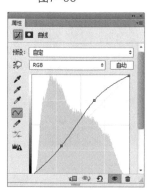

图7-97

图7-98

综合练习 制作创意海报

» 实例位置　实例文件>CH07>综合练习：制作创意海报.psd
» 素材位置　素材文件>CH07>素材06.jpg
» 视频名称　制作创意海报.mp4
» 技术掌握　文字制作和简单调色

本例主要运用本课所学的相关文字输入与编辑的知识制作一幅创意海报。

01 打开学习资源中的"素材文件>CH07>素材06.jpg"文件，如图7-99所示。

02 使用"矩形选框工具"在画布中间绘制一个矩形选区，然后填充颜色为（R:255，G:0，B:72），如图7-100所示。

图7-99

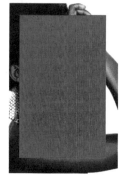
图7-100

03 使用"横排文字工具"输入文字，然后按快捷键Ctrl+T调整字体形状，如图7-101所示，接着将文字载入选区并隐藏文字，如图7-102所示，最后选择矩形图层并删掉选区中的内容，如图7-103所示。

04 使用"矩形选框工具"在红色矩形图层

上绘制矩形选框，如图7-104所示，然后删除选区中的内容，如图7-105所示。

图7-101

图7-102

图7-103

图7-104

图7-105

05 使用"横排文字工具" T 输入小标题文字，如图7-106所示，然后使用"横排文字工具" T 在画布上拖曳一个文本框，如图7-107所示，接着输入段落文字，如图7-108所示。

图7-106

图7-107

图7-108

06 使用"多边形套索工具" ⊻ 在画布上绘制选区，如图7-109所示，然后填充颜色为

（R:250，G:10，B:225），接着设置图层"混合模式"为"正片叠底"，效果如图7-110所示。

图7-109

图7-110

07 使用同样的方法绘制矩形，然后填充颜色为（R:40，G:106，B:215），接着设置图层的"混合模式"为"柔光"，效果如图7-111所示。

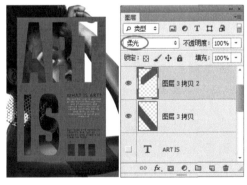

图7-111

08 单击"椭圆选框工具" ○ ，然后按住Shift

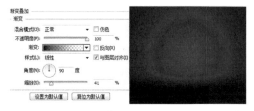

式，如图7-114所示。

图7-114

键在画布上绘制一个选区，接着为选区填充白色，最终效果如图7-112所示。

图7-112

第3步：输入数字，然后设置"填充"为0%，接着为数字添加"斜面和浮雕""外发光"和"光泽"的图层样式，如图7-115所示。

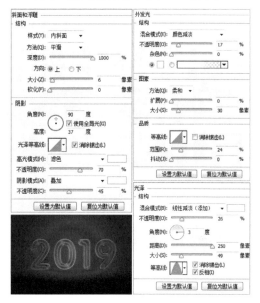

图7-115

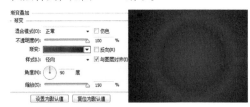

7.5 课后习题

通过对这一课的学习，相信读者对文字的相关工具已经有了深入的了解。灵活掌握这些工具的使用方法，可以制作出各式各样的文字效果。

课后习题 制作水晶文字效果

» 实例位置　实例文件>CH07>课后习题：制作水晶文字效果.psd
» 素材位置　无
» 视频名称　制作水晶文字效果.mp4
» 技术掌握　使用图层的混合模式制作文字叠加的效果

运用图层的混合模式制作文字的效果，结合画笔，可以使水晶字体更具美感。

⊙ 制作提示

第1步：新建一个文档，然后新建一个图层，填充黑色，接着为图层添加"渐变叠加"图层样式，如图7-113所示。

图7-113

第2步：新建一个图层，然后在图层下方绘制一个矩形，颜色不限，接着设置"填充"为0%，最后为图层添加"渐变叠加"图层样

第4步：新建一个图层，然后选择"画笔工具" ，并设置合适的画笔样式和大小，接着在数字上绘制，最终效果如图7-116所示。

图7-116

- » 实例位置　实例文件>CH07>课后习题：制作金属边立体文字.psd
- » 素材位置　无
- » 视频名称　制作金属边立体文字.mp4
- » 技术掌握　文字工具和图层样式的运用

本习题将文字工具、图层样式和"画笔工具" ✔ 配合使用,制作金属边立体文字。

⊙ 制作提示

第1步：新建一个文档，然后使用"横排文字工具" T 输入文字，如图7-117所示。

第2步：执行"图层>图层样式"菜单下的子菜单命令，然后为文字添加"斜面和浮雕""描边""内阴影""颜色叠加"和"投影"的图层样式，如图7-118所示。

第3步：新建一个白色图层，然后为图层添加"图案叠加"的图层样式，效果如图7-119所示。

图7-117　　　　　　　　　图7-118　　　　　　　　　图7-119

7.6　本课笔记

第 8 课

路径与矢量工具

众所周知，Photoshop是一款强大的位图处理软件，但它在矢量图的处理上也毫不逊色，可以使用钢笔工具和形状工具绘制矢量图形，通过控制锚点来调整矢量图形的形状，在实际操作中的使用频率较高。

学习要点

» 认识路径与锚点　　　　» 调整路径的方法

» 绘制路径的方法　　　　» 形状工具组

8.1 绘图知识

使用Photoshop中的钢笔工具和形状工具绘图前，首先要了解使用这些工具可以绘制出什么图形，也就是通常所说的绘图模式。而在了解了绘图模式之后，就需要了解路径与锚点之间的关系，因为在使用钢笔工具等矢量工具绘图时，基本上都会涉及它们。

8.1.1 认识绘图模式

使用Photoshop中的钢笔工具和形状工具可以绘制出很多图形，包括"形状""路径"和"像素"3种，如图8-1所示。在绘图前，首先要在工具选项栏中选择一种绘图模式，然后才能进行绘制。

图8-1

1.形状

在选项栏中选择"形状"绘图模式，可以在单独的一个形状图层中创建形状图形，并且保留在"路径"面板中，如图8-2所示。路径可以转换为选区或创建矢量蒙版，当然也可以对路径进行描边或填充。

图8-2

2.路径

在选项栏中选择"路径"绘图模式，可以创建工作路径。工作路径不会出现在"图层"面板中，只出现在"路径"面板中，如图8-3所示。

图8-3

3.像素

在选项栏中选择"像素"绘图模式，可以在当前图像上创建出光栅化的图像，如图8-4所示。这种绘图模式不能创建矢量图像，因此在"路径"面板也不会出现路径。

图8-4

8.1.2 认识路径与锚点

路径和锚点是并列存在的，有路径就必然

存在锚点，锚点又是为了调整路径而存在的。

1.路径

路径是一种轮廓，它主要有以下5点用途。

第1点：可以将路径作为矢量蒙版来隐藏图层区域。

第2点：将路径转换为选区。

第3点：可以将路径保存在"路径"面板中，以备随时使用。

第4点：可以使用颜色填充或描边路径。

第5点：将图像导出到页面排版或矢量编辑程序时，将已存储的路径指定为剪贴路径，可以使图像的一部分变为透明。

路径可以使用钢笔工具和形状工具来绘制，绘制的路径可以是开放式、闭合式和组合式，如图8-5~图8-7所示。

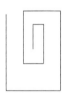

图8-5

图8-6

图8-7

提示

路径是不能被打印出来的，因为它是矢量对象，不包含像素，只有在路径中填充颜色后才能打印出来。

2.锚点

路径由一个或多个直线段或曲线段组成，锚点标记路径段的端点。在曲线段上，每个选中的锚点显示一条或两条方向线，方向线以方向点结束，方向线和方向点的位置共同决定了曲线段的大小和形状，如图8-8所示。锚点分为平滑点和角点两种类型。由平滑点连接的路径段可以形成平滑的曲线，如图8-9所示；由角点连接起来的路径段可以形成直线或转折曲线，如图8-10所示。

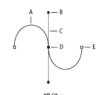

路径
A. 曲线段 **B.** 方向点 **C.** 方向线 **D.** 选中的锚点 **E.** 未选中的锚点

图8-8

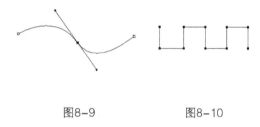

图8-9   图8-10

8.1.3 路径面板

执行"窗口>路径"菜单命令，打开"路径"面板，如图8-11所示，其面板菜单如图8-12所示。

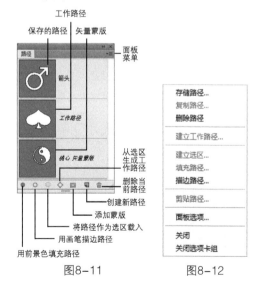

图8-11   图8-12

路径面板选项介绍

用前景色填充路径 ● |：单击该按钮，可以用前景色填充路径区域。

用画笔描边路径 ○ |：单击该按钮，可以用设置好的"画笔工具" ✓ 对路径进行描边，如图8-13所示。

图8-13

将路径作为选区载入 ⊙ |：单击该按钮，可以将路径转换为选区。

从选区生成工作路径 ◇ |：如果当前文档中存在选区，如图8-14所示，单击该按钮，可以将选区转换为工作路径，如图8-15所示。

图8-14　　　　　　图8-15

添加蒙版 ▣ |：单击该按钮，可以从当前选定的路径生成蒙版。见图8-16，选择"路径"面板中的问号路径，然后单击"添加蒙版"按钮 ▣ ，可以用当前路径为"图层1"添加一个矢量蒙版，如图8-17和图8-18所示。

图8-16

图8-17

图8-18

创建新路径 ▣ |：单击该按钮，可以创建一个新的路径。

删除当前路径 🗑 |：将路径拖曳到该按钮上，可以将其删除。

8.2 用钢笔工具绘制路径

"钢笔工具" ✒ 是常用的路径绘制工具，使用该工具可以绘制任意形状的直线或曲线路径，其选项栏如图8-19所示。

图8-19

钢笔工具面板选项介绍

建立：单击"选区"按钮 选区... ，可以将当前路径转换为选区；单击"蒙版"按钮 蒙版 ，可以基于当前路径为当前图层创建矢量蒙版；单击"形状"按钮 形状 ，可以将当前路径转换为形状。

8.2.1 路径的运算

如果要使用钢笔工具或形状工具创建多个子路径或子形状，可以在工具选项栏中单击"路径操作"按钮回，然后在弹出的下拉菜单中选择一种运算方式，以确定子路径的重叠区域会产生什么样的交叉结果，如图8-20所示。

图8-20

下面通过一个形状图层来讲解路径的运算方法。图8-21所示是原有的蝴蝶图形，图8-22是要添加到蝴蝶图形上的剪刀图形。

图8-21　　　　图8-22

路径运算方式介绍

新建图层□：选择该选项，可以新建形状图层。

合并形状□：选择该选项，新绘制的图形将被添加到原有的形状中，两个形状合并为一个形状，如图8-23所示。

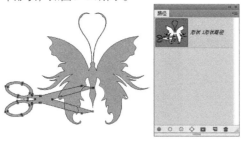

图8-23

减去顶层形状□：选择该选项，可以从原有的形状中减去新绘制的形状，如图8-24所示。

图8-24

与形状区域相交□：选择该选项，可以得到新形状与原有形状的交叉区域，如图8-25所示。

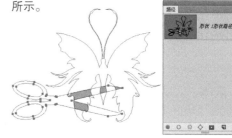

图8-25

排除重叠形状□：选择该选项，可以得到新形状与原有形状重叠部分以外的区域，如图8-26所示。

合并形状组件□：选择该选项，可以合并重叠的形状组件。

图8-26

8.2.2 变换路径

变换路径与变换图像的方法完全相同。在"路径"面板中选择路径，然后执行"编辑>自由变换路径"菜单命令或执行"编辑>变换路径"菜单下的命令，即可对其进行相应的变换，如图8-27所示。

图8-27

8.2.3 将路径转换为选区

使用钢笔工具或形状工具绘制出路径以后，如图8-28所示，可以通过以下3种方法将路径转换为选区。

第1种： 直接按快捷键Ctrl+Enter载入路径的选区，如图8-29所示。

图8-28　　　　　图8-29

第2种： 在路径上单击鼠标右键，然后在弹出的菜单中选择"建立选区"命令，如图8-30所示。另外，也可以在选项栏中单击"选区"按钮 选区… 。

第3种： 按住Ctrl键在"路径"面板中单击路径的缩略图，或单击"将路径作为选区载入"按钮 ，如图8-31所示。

图8-30　　　　　图8-31

8.2.4 填充路径与形状

绘制好了路径与形状后，可以给路径与形状填充颜色、图案和渐变色。

1.填充路径

使用钢笔工具或形状工具绘制出路径以后，在路径上单击鼠标右键，然后在弹出的菜单中选择"填充路径"命令，如图8-32所示，打开"填充子路径"对话框，在该对话框中可以设置需要填充的内容，如图8-33所示，图8-34所示是用图案填充路径以后的效果。

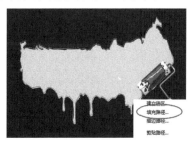

图8-32

图8-33

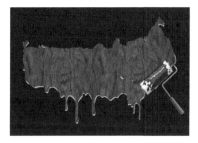

图8-34

2.填充形状

使用钢笔工具或形状工具绘制出形状图层，如图8-35所示，然后在选项栏中单击"设置形状填充类型"按钮■，在弹出的面板中可以选择纯色、渐变或图案对形状进行填充，如图8-36所示。

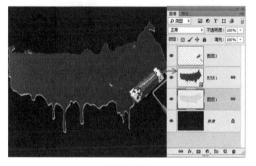

图8-35

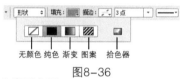

图8-36

形状填充类型介绍

无颜色▨：
单击该按钮，表示不应用填充，但会保留形状路径，如图8-37所示。

图8-37

纯色■：单击该按钮，在弹出的颜色选择面板中选择一种颜色，可以用纯色对形状进行填充，如图8-38和图8-39所示。

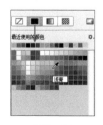
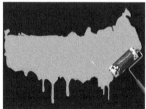

图8-38　　　　图8-39

渐变■：单击该按钮，在弹出的渐变选择面板中选择一种颜色，可以用渐变色对形状进

行填充，如图8-40和图8-41所示。

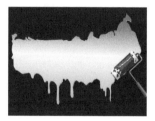

图8-40　　　　图8-41

图案▨：单击该按钮，在弹出的图案选择面板中选择一种颜色，可以用图案对形状进行填充，如图8-42和图8-43所示。

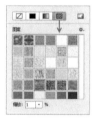

图8-42　　　　图8-43

拾色器■：在对形状填充纯色或渐变色时，可以单击该按钮打开"拾色器（填充颜色）"对话框，然后选择一种颜色作为纯色或渐变色。

8.2.5 描边路径与形状

描边路径和形状是一个非常重要的功能，在描边之前需要先设置好描边工具的参数，如画笔、铅笔、橡皮擦、仿制图章等。

1.描边路径

使用钢笔工具或形状工具绘制出路径以后，在路径上单击鼠标右键，在弹出的菜单中选择"描边路径"，如图8-44所示，可以打开"描边路径"对话框，在该对话框中可以选择描边的工具，如图8-45所示，图8-46所示是使用画笔描边路径的效果。

图8-44

图8-45

图8-46

提示

设置好画笔的参数以后，按Enter键可以直接为路径描边。另外，在"描边路径"对话框中有一个"模拟压力"选项，勾选该选项，可以使描边的线条产生比较明显的粗细变化，如图8-47所示。

图8-47

2.描边形状

使用钢笔工具或形状工具绘制出形状图层以后，可以在选项栏中单击"设置形状描边类型"按钮 ，在弹出的面板中选择纯色、渐变或图案对形状进行填充，如图8-48所示。

图8-48

形状描边类型介绍

无颜色 ：单击该按钮，表示不应用描边，但会保留形状路径。

纯色 ：单击该按钮，在弹出的颜色选择面板中选择一种颜色，可以用纯色对形状进行描边，如图8-49所示。

图8-49

渐变 ：单击该按钮，在弹出的渐变选择面板中选择一种颜色，可以用渐变色对形状进行描边，如图8-50所示。

图案 ：单击该按钮，在弹出的图案选择面板中选择一种颜色，可以用图案对形状进行描边，如图8-51所示。

图8-50

图8-51

拾色器 ：在对形状描边纯色或渐变色时，可以单击该按钮打开"拾色器（填充颜色）"对话框，然后选择一种颜色作为纯色或渐变色。

设置形状描边宽度 3点 ：用于设置描边的宽度。

设置形状描边类型 ：单击该按钮，可以选择描边的样式等选项，如图8-52所示。

描边样式：选择描边的样式，包括实线、虚线和圆点线3种。

对齐：选择描边与路径的对齐方式，包括内部 、居中 和外部 3种。

图8-52

端点：选择路径端点的样式，包括端面 、圆形 和方形 3种。

角点：选择路径转折处的样式，包括斜接 、圆形 和斜面 3种。

更多选项 更多选项... ：单击该按钮，可以打开"描边"对话框，如图8-53所示。在该对话框中，除了可以设置上面的选项以外，还可以设置虚线的间距。

图8-53

操作练习 用简单方法抠出人物

» 实例位置 实例文件>CH08>操作练习：用简单方法抠出
人物.psd
» 素材位置 素材文件>CH08>素材01.jpg、素材02.jpg
» 视频名称 用简单方法抠出人物.mp4
» 技术掌握 钢笔工具的使用方法

本例主要针对钢笔工具的使用方法进行练习，使
用钢笔工具对图像进行抠图处理。

01 打开学习资源中的"素材文件>CH08>素
材01.jpg"文件，如图8-54所示，然后选择
"钢笔工具" ，在其工具栏中设置"绘图
模式"为"路径"，接着围绕人物周围绘制路
径，如图8-55所示。

图8-54

图8-55

02 路径绘制好之后，按快捷键Ctrl+Enter将路
径转换为选区，如图8-56所示，然后按快捷键
Ctrl+J将选区内的图像拷贝到一个新图层，如
图8-57所示。

图8-56

图8-57

03 打开学习资源中的"素材文件>CH08>素
材02.jpg"文件，将其放在图层底部，效果如图
8-58所示。

图8-58

8.3 路径的调整

路径绘制好以后，如果需要进行修改，
可以使用控制锚点的方法调整路径的形状。

8.3.1 在路径上添加锚点

使用"添加锚点工具"  可以在路径上添加锚点。将光标放在路径上，如图8-59所示，当光标变成 状时，在路径上单击即可添加一个锚点，如图8-60所示。添加锚点以后，可以用"直接选择工具" 对锚点进行调节，如图8-61所示。

图8-59

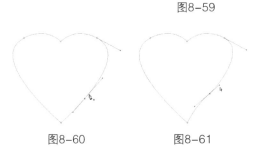

图8-60　　　　　　图8-61

8.3.2 删除路径上的锚点

使用"删除锚点工具" 可以删除路径上的锚点。将光标放在锚点上，如图8-62所示，当光标变成 状时，单击鼠标左键即可删除锚点，如图8-63所示。

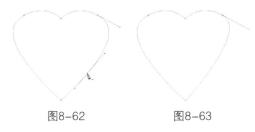

图8-62　　　　　　图8-63

提示

路径上的锚点越多，这条路径就越复杂，而越复杂的路径就越难编辑，这时建议先使用"删除锚点工具" 删除多余的锚点，降低路径的复杂程度后，再对其进行相应的调整。

8.3.3 转换路径上的点

"转换点工具" 主要用来转换锚点的类型。在平滑点上单击，如图8-64所示，可以将平滑点转换为角点，如图8-65所示；在角点上单击，然后拖曳光标，可以将角点转换为平滑点，如图8-66所示。

图8-64

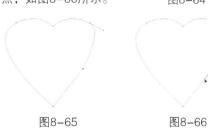

图8-65　　　　　　图8-66

8.3.4 路径选择工具组

使用"路径选择工具" 可以选择单个路径，也可以选择多个路径，同时还可以用来组合、对齐和分布路径，其选项栏如图8-67所示。

图8-67

提示

"移动工具" 不能用来选择路径，只能用来选择图像，只有用"路径选择工具" 才能选择路径。

8.3.5 直接选择工具

"直接选择工具" 主要用来选择路径上的单个或多个锚点，可以移动锚点、调整方向线，如图8-68和图8-69所示。"直接选择工具" 的选项栏如图8-70所示。

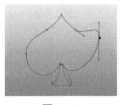

图8-68　　　　　　图8-69

图8-70

🖐 操作练习　调整锚点制作艺术字

» 实例位置　实例文件>CH08>操作练习: 调整锚点制作艺术字.psd
» 素材位置　素材文件>CH08>素材03.png
» 视频名称　调整锚点制作艺术字.mp4
» 技术掌握　调整锚点的方法练习

本例主要针对锚点的调整方法进行练习，通过调整路径上的锚点制作艺术字。

01 按快捷键Ctrl+N新建一个文档，具体参数设置如图8-71所示，然后使用"横排文字工具"T，输入文字，并为文字设置合适的字体，如图8-72所示。

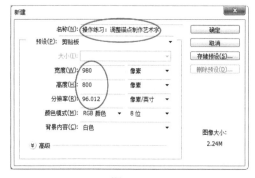

图8-71

图8-72

02 使用鼠标右键单击文字图层，然后在弹出

的菜单中选择"创建工作路径"，如图8-73所示，将文字转换为工作路径，如图8-74所示。

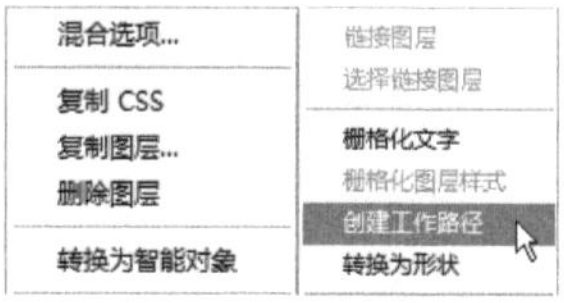

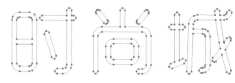

图8-73

图8-74

03 使用"工具箱"中的"直接选择工具"▷和"路径选择工具"▶对工作路径进行调整，如图8-75和图8-76所示。

图8-75

图8-76

04 调整好的路径如图8-77所示，然后按快捷键Ctrl+Enter将路径转换为选区，接着回到图层面板并新建图层，给选区填充洋红色（R:157，G:175，B:8），效果如图8-78所示。

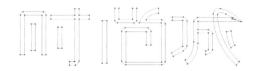

图8-77

图8-78

05 打开学习资源中的"素材文件>CH08>素材03.png"文件，将其拖曳到当前文档图层面板的顶端，并将素材调整到画布中的合适位置，最终效果如图8-79所示。

图8-79

提示

在用调整锚点的方法制作艺术字的时候，需要耐心地对每一个锚点进行细致的调整，是没有捷径的。

8.4 形状工具组

Photoshop中的形状工具可以创建出很多种矢量形状，这些工具包括"矩形工具" ▭、"圆角矩形工具" ▢、"椭圆工具" ⬭、"多边形工具" ⬡、"直线工具" ╱ 和"自定形状工具" ✿。

8.4.1 矩形工具

使用"矩形工具" ▭可以创建出正方形和矩形，其使用方法与"矩形选框工具" ▦类似。在绘制时，按住Shift键可以绘制出正方形；按住Alt键可以以鼠标单击点为中心绘制矩形；按住快捷键Shift+Alt可以以鼠标单击点为中心绘制正方形，"矩形工具" ▭的选项栏如图8-80所示。

图8-80

矩形工具选项介绍

矩形选项 ⚙：单击该按钮，可以在弹出的下拉面板中设置矩形的创建方法，如图8-81所示。

图8-81

不受约束：勾选该选项，可以绘制出任何大小的矩形。

方形：勾选该选项，可以绘制出任何大小的正方形。

固定大小：勾选该选项后，可以在其后面的数值输入框中输入宽度（W）和高度（H），然后在图像上单击即可创建出矩形。

比例：勾选该选项后，可以在其后面的数值输入框中输入宽度（W）和高度（H）比例，此后创建的矩形始终保持这个比例。

从中心：以任意方式创建矩形时，勾选该选项，鼠标单击点即为矩形的中心。

对齐边缘：勾选该选项后，可以使矩形的边缘与像素的边缘相重合，这样图形的边缘就不会出现锯齿，反之则会出现锯齿。

8.4.2 圆角矩形工具

使用"圆角矩形工具" ▢可以创建出具有圆角效果的矩形，其创建方法与选项和矩形完全相同，只不过多了一个"半径"选项，如图8-82所示。"半径"选项用来设置圆角的半径，值越大，圆角越大，图8-83和图8-84所示分别是"半径"为10像素和50像素的圆角矩形。

图8-82

图8-83

图8-84

8.4.3 椭圆工具

使用"椭圆工具" 可以创建出椭圆和圆形，如图8-85所示，其设置选项如图8-86所示。如果要创建椭圆，可以拖曳鼠标进行创建；如果要创建圆形，可以按住Shift键或快捷键Shift+Alt（以鼠标单击点为中心）进行创建。

图8-85

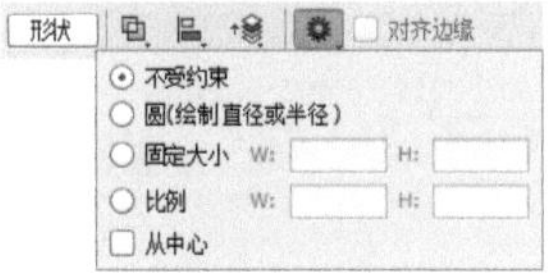

图8-86

8.4.4 多边形工具

使用"多边形工具" 可以创建出正多边形（最少为3条边）和星形，其设置选项如图8-87所示。

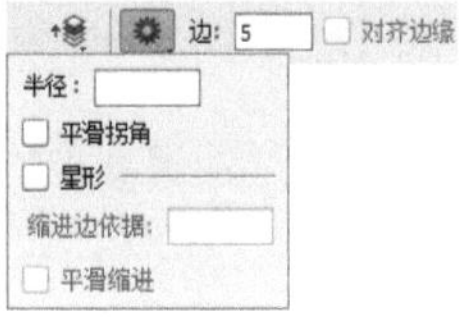

图8-87

多边形工具选项介绍

边：设置多边形的边数，设置为3时，可以创建出正三角形，如图8-88所示；设置为5时，可以绘制出正五边形，如图8-89所示。

图8-88

图8-89

多边形选项 ：单击该按钮，可以打开多边形选项面板，在该面板中可以设置多边形的半径，或将多边形创建为星形等。

半径：用于设置多边形或星形的"半径"长度。设置好"半径"数值以后，在画布中拖曳鼠标即可创建出相应半径的多边形或星形。

平滑拐角：勾选该选项以后，可以创建出具有平滑拐角效果的多边形或星形，如图8-90和图8-91所示。

图8-90　　　　图8-91

星形：勾选该选项后，可以创建星形，下面的"缩进边依据"选项主要用来设置星形边缘向中心缩进的百分比，数值越高，缩进量越大，图8-92和图8-93所示分别是20%和60%的缩进效果。

图8-92　　　　图8-93

平滑缩进：勾选该选项后，可以使星形的每条边向中心平滑缩进，如图8-94所示。

图8-94

8.4.5 直线工具

使用"直线工具" 可以创建出直线和带有箭头的路径，其设置选项如图8-95所示。

直线工具选项介绍

粗细：设置直线或箭头线的粗细。

箭头选项 ✿：单击该按钮，可以打开箭头选项面板，在该面板中可以设置箭头的样式。

起点/终点：勾选"起点"选项，可以在直线的起点处添加箭头，如图8-96所示；勾选"终点"选项，可以在直线的终点处添加箭头，如图8-97所示；勾选"起点"和"终点"选项，则可以在两头都添加箭头，如图8-98所示。

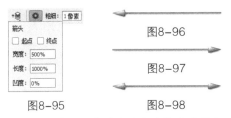

图8-96

图8-97

图8-95　　　　图8-98

宽度：用来设置箭头宽度与直线宽度的百分比。

长度：用来设置箭头长度与直线宽度的百分比。

凹度：用来设置箭头的凹陷程度，范围为-50%~50%。值为0%时，箭头尾部平齐，如图8-99所示；值大于0%时，箭头尾部向内凹陷，如图8-100所示；值小于0%时，箭头尾部向外凸出，如图8-101所示。

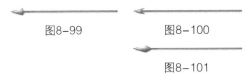

图8-99　　　　图8-100

图8-101

8.4.6 自定形状工具

使用"自定形状工具" ✿ 可以创建出非常多的形状，其选项设置如图8-102所示。这些形状既可以是Photoshop的预设，也可以是自定义或加载的外部形状。

图8-102

提示

在选项栏中单击 图标，打开"自定形状"拾色器，可以看到Photoshop只提供了少量的形状，这时可以单击 ✿ 图标，在弹出的菜单中选择"全部"命令，如图8-103所示，这样可以将Photoshop预设的所有形状都加载到"自定形状"拾色器中。

图8-103

综合练习　制作空心粉笔字

» 实例位置　实例文件>CH08>综合练习：制作空心粉笔字.psd
» 素材位置　素材文件>CH08>素材04.jpg
» 视频名称　制作空心粉笔字.mp4
» 技术掌握　粉笔字的制作方法

本例主要针对路径的使用方法进行练习，结合画笔将文字描边为粉笔字。

01 打开学习资源中的"素材文件>CH08>素材04.jpg"文件，如图8-104所示，然后将"背景"图层复制一份，并设置图层的"混合模式"为"柔光"，效果如图8-105所示。

图8-104

图8-105

02 使用"横排文字工具" T 在页面中分别输入文字"9.10、老师、您辛苦了！"，设置如图8-106所示，效果如图8-107所示。

图8-106

图8-107

03 设置"前景色"为（R:249，G:248，B:248），然后选择"画笔工具" ，接着按F5键打开"画笔面板"，并切换到"画笔预设面板"，最后选择"画笔样式"，设置"画笔大小"，如图8-108所示。

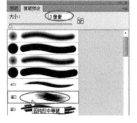

图8-108

04 选中文字图层9.10，然后执行"文字>创建工作路径"菜单命令，为文字创建路径，并隐藏

文字图层，如图8-109所示，接着新建一个图层，再切换到"路径"面板，最后单击面板下方的"用画笔描边路径按钮" ，为路径描边，如图8-110所示，效果如图8-111所示。

图8-109 图8-110

图8-111

05 将"路径"面板中的"工作路径"拖曳到面板下方的"创建新路径"按钮 上，保存该路径，得到"路径1"，如图8-112和图8-113所示。

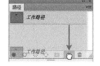

图8-112 图8-113

06 继续在"画笔预设面板"中选择"画笔样式"，设置"画笔大小"，如图8-114所示，然后选中文字图层"老师"，执行"文字>创建工作路径"菜单命令，为文字创建路径，并隐藏文字图层，如图8-115所示。

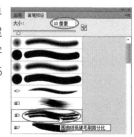

图8-114

图8-115

177

07 新建一个图层，然后切换到"路径"面板，单击面板下方的"用画笔描边路径按钮" |○| ，为路径描边，效果如图8-116所示。

图8-116

08 继续在"路径"面板中保存新创建的路径，得到"路径2"，然后在原画笔样式的基础上，设置"画笔大小"，如图8-117所示。

图8-117

09 选中文字图层"您辛苦了！"，执行"文字>创建工作路径"菜单命令，为文字创建路径，然后隐藏文字图层，接着新建一个图层，并切换到"路径"面板，再单击面板下方的"用画笔描边路径按钮" |○| ，为路径描边，如图8-118所示，效果如图8-119所示。

图8-118

图8-119

10 隐藏描边图层外的所有图层，然后按快捷键Shift+Ctrl+Alt+E将可见图层盖印到一个新的图层中，如图8-120所示。

11 执行"滤镜>模糊>高斯模糊"菜单命令，然后在打开的"高斯模糊"对话框中设置"半径"为1，如图8-121所示，接着更改图层的"混合模式"为"正片叠底"，最终效果如图8-122所示。

图8-120

图8-121

图8-122

8.5 课后习题

路径多用于简单抠图和绘制矢量图案等方面，操作方法比较简单，多加练习即可轻松掌握。

📝课后习题 制作底纹

» 实例位置　实例文件>CH08>课后习题：制作底纹.psd
» 素材位置　无
» 视频名称　制作底纹.mp4
» 技术掌握　使用描边路径制作底纹

本例主要针对描边路径的方法进行练习，使用描边路径制作底纹。

⊙ **制作分析**

　　第1步： 新建一个文档，然后使用"自定形状工具" [⊿] 在页面上绘制图案，如图8-123所示，接着隐藏背景图层，再将图案定义为画笔，如图8-124所示。

图8-123

图8-124

第2步：单击"画笔工具" ，然后在"画笔面板"中选择"画笔样式"，设置"大小"和"间距"，如图8-125所示，接着在页面中绘制菱形路径，最后新建图层，给路径描边，效果如图8-126所示。

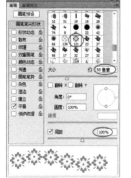

图8-125   图8-126

第3步：将描边后的图案复制多份，然后旋转角度、缩放大小，如图8-127所示，接着将调整好的图案盖印到一个图层，再复制多个并进行排放，效果如图8-128所示。

图8-127   图8-128

第4步：将上一步得到的图案进行盖印，然后复制一份进行排放，如图8-129所示，接着将调整好的图案进行定义图案，如图8-130所示。

图8-129

图8-130

第5步：执行"编辑>填充"菜单命令，打开"填充"对话框，进行相关设置，如图8-131所示，然后为图案添加一个背景色，最终效果如图8-132所示。

图8-131

图8-132

📑 课后习题 绘制天气图标

» 实例位置　实例文件>CH08>课后习题：绘制天气图标.psd
» 素材位置　无
» 视频名称　绘制天气图标.mp4
» 技术掌握　路径的绘制与调整

本例主要针对路径调整的方法进行练习，使用路径绘制天气图标。

⊙ 制作分析

第1步： 新建一个文档，然后填充颜色，接着使用"钢笔工具" 🖊️在页面中绘制云朵的路径，如图8-133所示，最后为路径描白边，效果如图8-134所示。

图8-133　　　　　图8-134

第2步： 使用"椭圆工具" ⬭在云朵下面绘制一个白色的圆作为太阳，然后使用"魔棒工具" 🪄选中云朵中间的区域，如图8-135所示。

第3步： 回到太阳图层，将选区里的内容删除，然后按Ctrl键单击云朵图层将其加载为选区，如图8-136所示，接着继续删除选区里的内容。

图8-135　　　　　图8-136

第4步： 将太阳向上偏移一个距离，然后新建一个图层，接着使用"直线工具" ╱在太阳边上绘制太阳光，最终效果如图8-137所示。

图8-137

8.6 本课笔记

蒙版

蒙版原本是摄影术语，指的是用于控制照片不同区域曝光的传统暗房技术。而在Photoshop中处理图像时，常常需要隐藏一部分图像，使它们不显示出来，蒙版就是这样一种可以隐藏图像的工具。

学习要点

» 图层蒙版的工作原理 » 剪贴蒙版的使用方法
» 图层蒙版的相关操作 » 用图层蒙版合成图像

9.1 认识蒙版

蒙版是一种灰度图像，其作用就像一张布，可以遮盖住处理区域中的一部分或全部。当我们对处理区域内进行模糊、上色等操作时，被蒙版遮盖起来的部分就不会受到影响，图9-1和图9-2所示是用蒙版合成的作品。

图9-1　　　　　　　　图9-2

提示

使用蒙版编辑图像，可以避免因为使用橡皮擦或剪切、删除等造成的失误操作。另外，还可以对蒙版应用一些滤镜，以得到一些意想不到的特效。

9.2 属性面板

"属性"面板不仅可以设置调整图层的参数，还可以对蒙版进行设置。创建蒙版以后，在"属性"面板中可以调整蒙版的浓度、羽化范围等，如图9-3所示。

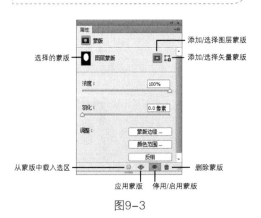

图9-3

属性面板选项介绍

选择的蒙版：显示在"图层"面板中选择的蒙版类型，如图9-4所示。

图9-4

添加/选择图层蒙版：如果为图层添加了矢量蒙版，该按钮显示为"添加图层蒙版"，单击该按钮，可以为当前选择的图层添加一个像素蒙版；添加像素蒙版以后，则该按钮显示为"选择图层蒙版"，单击该按钮可以选择像素蒙版（图层蒙版）。

添加/选择矢量蒙版：如果为图层添加了像素蒙版，该按钮显示为"添加矢量蒙版"，单击该按钮，可以为当前选择的图层添加一个矢量蒙版；添加矢量蒙版以后，则该按钮显示为"选择矢量蒙版"，单击该按钮可以选择矢量蒙版。

浓度：该选项类似于图层的"不透明度"，用来控制蒙版的不透明度，也就是蒙版遮盖图像的强度，如图9-5和图9-6所示。

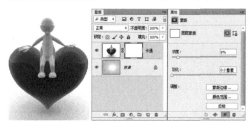

图9-5

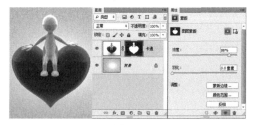

图9-6

羽化：用来控制蒙版边缘的柔化程度。数值越大，蒙版边缘越柔和，如图9-7所示；数值越小，蒙版边缘越生硬，如图9-8所示。

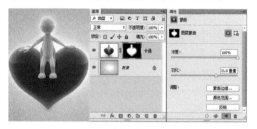

图9-7

图9-8

蒙版边缘 蒙版边缘...：单击该按钮，可以打开"调整蒙版"对话框，如图9-9所示。在该对话框中，可以修改蒙版边缘，也可以使用不同的背景来查看蒙版。

图9-9

颜色范围 颜色范围...：单击该按钮，可以打开"色彩范围"对话框，如图9-10所示。在该对话框中可以通过修改"颜色容差"来修改蒙版的边缘范围。

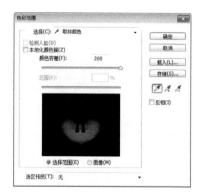

图9-10

反相 反相：单击该按钮，可以反转蒙版的遮盖区域，即蒙版中黑色部分变成白色，而白色部分变成黑色，未遮盖的图像将边调整为负片，如图9-11所示。

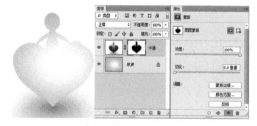

图9-11

从蒙版中载入选区：单击该按钮，可以从蒙版中生成选区，如图9-12所示。另外，按住Ctrl键单击蒙版的缩略图，也可以载入蒙版的选区。

图9-12

应用蒙版：单击该按钮，可以将蒙版应用到图像中，同时删除被蒙版遮盖的区域，如图9-13所示。

停用/启用蒙版：单击该按钮，可以停用或重新启用蒙版。停用蒙版后，在"属性"

面板的缩览图和"图层"面板的蒙版缩略图中都会出现一个红色的交叉线×，如图9-14所示。

图9-13

图9-14

删除蒙版 ▣|：单击该按钮，可以删除当前选择的蒙版，如图9-15所示。

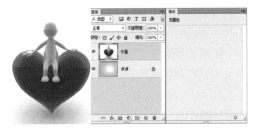

图9-15

9.3 图层蒙版

图层蒙版是所有蒙版中最为重要的一种，它可以用来隐藏、合成图像等。另外，在创建调整图层、填充图层以及为智能对象添加智能滤镜时，Photoshop会自动为图层添加一个图层蒙版，可以在图层蒙版中对调色范围、填充范围及滤镜应用区域进行调整。

9.3.1 图层蒙版的工作原理

图层蒙版可以理解为在当前图层上面覆盖了一层玻璃，这种玻璃片有透明和不透明两种，前者显示全部图像，后者隐藏部分图像。在Photoshop中，图层蒙版遵循"黑透、白不透"的工作原理。

打开一个文档，如图9-16所示。该文档中包含两个图层："背景"图层和"图层1"，其中"图层1"有一个图层蒙版，并且图层蒙版为白色。按照图层蒙版"黑透、白不透"的工作原理，此时文档窗口中将完全显示"图层1"的内容。

图9-16

如果要全部显示"背景"图层的内容，可以选择"图层1"的蒙版，然后用黑色填充蒙版，如图9-17所示。

图9-17

如果想以半透明方式来显示当前图像，可以用灰色填充"图层1"的蒙版，如图9-18所示。

图9-18

提示

除了可以在图层蒙版中填充颜色以外，还可以在图层蒙版中填充渐变色。同样，也可以使用不同的画笔工具来编辑蒙版。此外，还可以在图层蒙版中应用各种滤镜效果。

9.3.2 创建图层蒙版

创建图层蒙版的方法有很多种，既可以直接在"图层"面板中进行创建，也可以从选区或图像中生成图层蒙版。

1.在图层面板中创建图层蒙版

选择要添加图层蒙版的图层，然后在"图层"面板下面单击"添加图层蒙版"按钮 ▣ ，如图9-19所示，可以为当前图层添加一个图层蒙版，如图9-20所示。

图9-19

图9-20

2.从选区生成图层蒙版

如果当前图像中存在选区，如图9-21所示，单击"图层"面板下面的"添加图层蒙版"按钮 ▣ ，可以基于当前选区为图层添加图层蒙版，选区以外的图像将被蒙版隐藏，如图9-22所示。

图9-21

图9-22

提示

创建选区蒙版以后，可以在"属性"面板中调整"羽化"数值，如图9-23所示，以模糊蒙版，制作出朦胧的效果。

图9-23

3.从图像生成图层蒙版

除了以上两种创建图层蒙版的方法以外，还可以将一个图像创建为某个图层的图层蒙版。首先为人像添加一个图层蒙版，如图9-24所示，然后按住Alt键单击蒙版缩览图，将其在文档窗口中显示出来，如图9-25所示，接着切换到第2个图像的文档窗口中，按快捷键Ctrl+A全选图像，并按快捷键Ctrl+C复制图像，如图9-26所示，再切换回人像文档窗口，按快捷键Ctrl+V将复制的图像粘贴到蒙版中（只能显示灰度图像），如图9-27所示。将图像设置为图层蒙版以后，单击图层缩览图，显示图像效果，如图9-28所示。

图9-26

图9-27

图9-24

图9-28

9.3.3 应用图层蒙版

在图层蒙版缩略图上单击鼠标右键，在弹

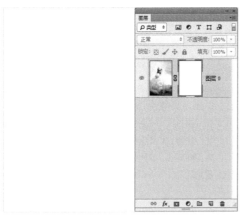

图9-25

出的菜单中选择"应用图层蒙版"命令，如图
9-29所示，可以将蒙版应用在当前图层中，如
图9-30所示。应用图层蒙版以后，蒙版效果将
会应用到图像上，也就是说，蒙版中的黑色区
域将被删除，白色区域将被保留下来，而灰色
区域将呈透明效果。

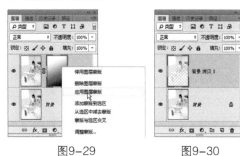

图9-29　　　　　　　图9-30

9.3.4 停用/启用/删除图层蒙版

在操作中，有时候需要暂时隐藏蒙版效
果，这时就可以将蒙版停用，再次使用的时候
又可以将蒙版启用，当然也可以直接将蒙版删
除掉。

1.停用图层蒙版

如果要停用图层蒙版，可以采用以下两种
方法来完成。

第1种：执行"图层>图层蒙版>停用"菜
单命令，或在图层蒙版缩略图上单击鼠标右键，
然后在弹出的菜单中选择"停用图层蒙版"
命令，如图9-31和图9-32所示。停用蒙版
后，在"属性"面板的缩览图和"图层"面板
的蒙版缩略图中都会出现一个红色的交叉线×。

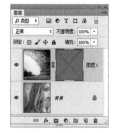

图9-31　　　　　　　图9-32

第2种：选择图层蒙版，然后在"属性"面
板下面单击"停用/启用蒙版"按钮，如图
9-33所示。

图9-33

2.重新启用图层蒙版

停用图层蒙版以后，如果要重新启用图层
蒙版，可以采用以下3种方法来完成。

第1种：执行"图层>图层蒙版>启用"菜
单命令，或在蒙版缩略图上单击鼠标右键，然
后在弹出的菜单中选择"启用图层蒙版"命
令，如图9-34和图9-35所示。

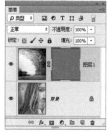

图9-34　　　　　　　图9-35

第2种：在蒙版缩略图上单击鼠标左键，
即可重新启用图层蒙版。

第3种：选择蒙版，然后在"属性"面板
下面单击"停用/启用蒙版"按钮。

3.删除图层蒙版

如果要删除图层蒙版，可以采用以下3种
方法来完成。

第1种：执行"图层>图层蒙版>删除"菜
单命令，或在蒙版缩略图上单击鼠标右键，然

后在弹出的菜单中选择"删除图层蒙版"命令，如图9-36和图9-37所示。

第2种：将蒙版缩略图拖曳到"图层"面板下面的"删除图层"按钮 🗑 上，如图9-38所示，然后在弹出的对话框中单击"删除"按钮 删除 ，如图9-39所示。

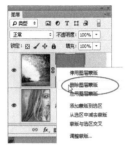

图9-36

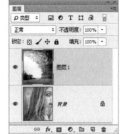

图9-37

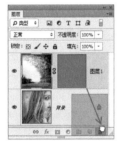

图9-38

图9-39

第3种：选择蒙版，然后直接在"属性"面板中单击"删除蒙版"按钮 🗑 。

9.3.5 转移/替换/拷贝图层蒙版

在操作中，有时候需要将某一个图层的蒙版用于其他图层上，这时可以通过操作将图层蒙版转移到目标图层上，也可以使用一个图层蒙版去替换另一个图层蒙版，还可以将一个图层蒙版拷贝到其他图层上。

1.转移图层蒙版

如果要将某个图层的蒙版转移到其他图层上，可以将蒙版缩略图拖曳到其他图层上，如图9-40和图9-41所示。

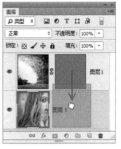

图9-40

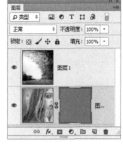

图9-41

2.替换图层蒙版

如果要用一个图层的蒙版替换另外一个图层的蒙版，可以将该图层的蒙版缩略图拖曳到另外一个图层的蒙版缩略图上，如图9-42所示，然后在弹出的对话框中单击"是"按钮 是(Y) ，如图9-43所示。替换图层蒙版以后，"图层1"的蒙版将被删除，同时"图层0"的蒙版会被换成"图层1"的蒙版，如图9-44所示。

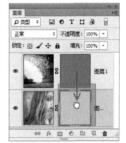

图9-42

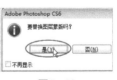

图9-43

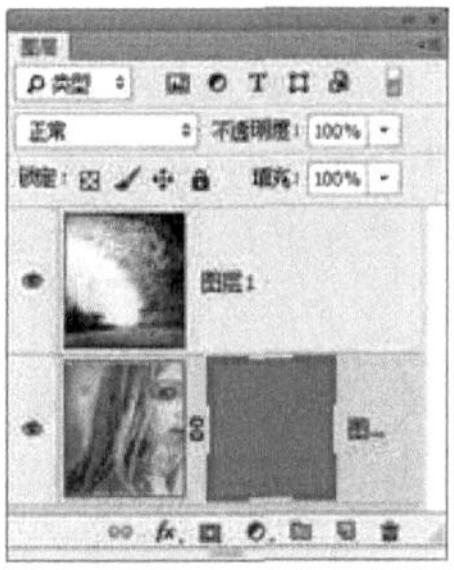

图9-44

3.拷贝图层蒙版

如果要将一个图层的蒙版拷贝到另外一个图层上，可以按住Alt键将蒙版缩略图拖曳到另外一个图层上，如图9-45和图9-46所示。

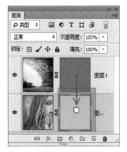 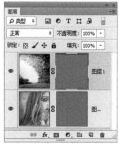 

图9-45　　　　　图9-46

图9-49

操作练习　两步合成图像

» 实例位置　实例文件>CH09>操作练习：两步合成图像.psd
» 素材位置　素材文件>CH09>素材01.jpg、素材02.jpg
» 视频名称　两步合成图像.mp4
» 技术掌握　修改图像大小

本例主要针对图层蒙版的使用方法进行练习，使用图层蒙版打造趣味照片。

01 打开学习资源中的"素材文件>CH09>素材01.jpg和素材02.jpg"文件，然后按快捷键Ctrl+T调整人物图像的大小，如图9-47所示。

图9-47

02 使用"钢笔工具" ✐ 将图层中的人物抠出并转换为选区，然后单击"图层"面板下方的"添加图层蒙版"按钮 □ ，如图9-48所示，最终效果如图9-49所示。

9.4 剪贴蒙版

剪贴蒙版技术非常重要，它可以用一个图层中的图像来控制处于它上层图像的显示范围，并且可以针对多个图像。另外，可以为一个或多个调整图层创建剪贴蒙版，使其只针对一个图层进行调整。

9.4.1 剪贴蒙版的工作原理

剪贴蒙版一般应用于文字、形状和图像之间的相互合成，它是由两个或两个以上的图层所构成的，处于最下方的图层一般被称为基层，用于控制其上方的图层显示区域，其上方图层一般被称为内容图层。图9-50所示为使用剪贴蒙版制作的图像效果，图9-51所示为"图层"面板状态。在一个剪贴蒙版中，基层图层只能有一个，而内容图层则可以有若干个。

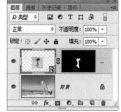

图9-48

图9-50

图9-51

9.4.2 创建与释放剪贴蒙版

在操作中，需要使用剪贴蒙版的时候可以为图层创建剪贴蒙版，不需要的时候可以通过操作释放剪贴蒙版。释放剪贴蒙版后，原来的剪贴蒙版会变回一个正常的图层。

1.创建剪贴蒙版

打开一个文档，如图9-52所示，该文档包含3个图层：一个"背景"图层，一个"黑底"图层和一个"小孩"图层。下面就以这个文档为例来讲解创建剪贴蒙版的3种常用方法。

图9-52

第1种：选择"小孩"图层，然后执行"图层>创建剪贴蒙版"菜单命令或按快捷键Alt+Ctrl+G，可以将"小孩"图层和"黑底"图层创建为一个剪贴蒙版组。创建剪贴蒙版以后，"小孩"图层就只显示"黑底"图层的区域，如图9-53所示。

图9-53

提示

剪贴蒙版虽然可以应用在多个图层中，但是这些图层不能是隔开的，必须是相邻的图层。

第2种：在"小孩"图层的名称上单击鼠标右键，然后在弹出的菜单中选择"创建剪贴蒙版"命令，如图9-54所示，即可将"小孩"图层和"黑底"图层创建为一个剪贴蒙版组，如图9-55所示。

图9-54　　　　　　　图9-55

第3种：先按住Alt键，然后将光标放在"小孩"图层和"黑底"图层之间的分隔线上，待光标变成↓□状时单击鼠标左键，如图9-56所示，这样也可以将"小孩"图层和"黑底"图层创建为一个剪贴蒙版组，如图9-57所示。

图9-56　　　　　　　图9-57

提示

在一个剪贴蒙版中，最少包含两个图层，处于最下面的图层为基底图层，位于其上面的图层统称为内容图层，如图9-58所示。

基底图层：基底图层只有一个，它决定了位于其上面的图像的显示范围。如果对基底图层进行移动、变换等操作，那么上面的图像也会受到影响，如图9-59所示。

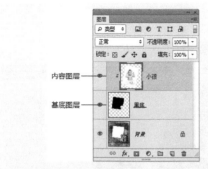

图9-58

内容图层
基底图层

图9-58

图9-59

内容图层：内容图层可以是一个或多个。对内容图层的操作不会影响基底图层，但是对其进行移动、变换等操作时，其显示范围会随之而改变，如图9-60所示。

图9-60

2.释放剪贴蒙版

创建剪贴蒙版以后，如果要释放剪贴蒙版，可以采用以下3种方法来完成。

第1种：选择"小孩"图层，然后执行"图层>释放剪贴蒙版"菜单命令或按快捷键

Alt+Ctrl+G，即可释放剪贴蒙版。释放剪贴蒙版以后，"小孩"图层就不再受"黑底"图层的控制，如图9-61所示。

图9-61

第2种：在"小孩"图层的名称上单击鼠标右键，然后在弹出的菜单中选择"释放剪贴蒙版"命令，如图9-62所示。

第3种：先按住Alt键，然后将光标放置在"小孩"图层和"黑底"图层之间的分隔线上，待光标变成 ⬆□ 状时单击鼠标左键，如图9-63所示。

图9-62   图9-63

9.4.3 编辑剪贴蒙版

剪贴蒙版作为图层，也具有图层的属性，可以对其"不透明度"及"混合模式"进行调整。

1.编辑内容图层

当对内容图层的"不透明度"和"混合模式"进行调整时，不会影响到剪贴蒙版组中的其他图层，而只与基底图层混合，如图9-64所示。

图9-64

2.编辑基底图层

当对基底图层的"不透明度"和"混合模式"进行调整时,整个剪贴蒙版组中的所有图层都会以设置的不透明度数值以及混合模式进行混合,如图9-65所示。

图9-65

操作练习 制作趣味照片

» 实例位置　实例文件>CH09>操作练习:制作趣味照片.psd
» 素材位置　素材文件>CH09>素材03.jpg、素材04.png
» 视频名称　制作趣味照片.mp4
» 技术掌握　剪贴蒙版的使用方法

本例主要针对剪贴蒙版的使用方法进行练习,使用剪贴蒙版制作趣味照片。

01 打开学习资源中的"素材文件>CH09>素材03.jpg"文件,然后将"背景"图层复制一份,如图9-66所示。

02 打开学习资源中的"素材文件>CH09>素

材04.png"文件,然后将其移动到合适的位置,如图9-67所示。

图9-66

图9-67

03 选择"背景副本"图层,然后按快捷键Ctrl+Alt+G设置"背景副本"图层为"图层1"的剪贴蒙版,并隐藏"背景"图层,如图9-68所示。

图9-68

04 新建一个图层,然后填充合适的渐变色,最终效果如图9-69所示。

192

图9-69

9.5 综合练习

添加图层蒙版可以在不破坏图像完整度的情况下更改画面效果。理解并掌握了"黑透、白不透"的工作原理，可以轻松运用此功能。

综合练习 合成创意图像

» 实例位置 实例文件>CH09>综合练习：合成创意图像.psd
» 素材位置 素材文件>CH09>素材05.jpg、素材06.png
» 视频名称 合成创意图像.mp4
» 技术掌握 使用蒙版合成创意图像

本例主要针对蒙版的使用方法进行练习，使用蒙版合成创意图像。

01 打开学习资源中的"素材文件>CH09>素材05.jpg、素材06.png"文件，然后将素材06.png拖曳到素材05.jpg文档中，并调整好位置和大小，如图9-70所示。

图9-70

02 选择鸡蛋图层，然后在"图层"面板底部单击"添加图层蒙版"按钮 ，并选中蒙版，接着使用黑色的柔边圆"画笔工具" 在图像中进行涂抹，隐藏多余的部分，如图9-71所示，效果如图9-72所示。

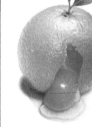

图9-71 图9-72

03 单击调整面板中的"色相/饱和度"按钮 和"色阶"按钮 ，新建一个"色相/饱和度"图层和一个"色阶"图层，然后在打开的"属性"面板中调整"饱和度"和"色阶"值，如图9-73所示，最终效果如图9-74所示。

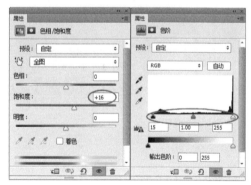

图9-73

图9-74

提示

这是一个典型的图片合成的案例。通过这个案例的学习，相信读者能够举一反三，完成同类型案例的制作。

综合练习　制作双重曝光树叶头像

- » 实例位置　实例文件>CH09>综合练习：制作双重曝光树叶头像.psd
- » 素材位置　素材文件>CH09>素材07.jpg、素材08.png
- » 视频名称　制作双重曝光树叶头像.mp4
- » 技术掌握　蒙版的使用方法

本例运用蒙版为图像添加纹理，制作双重曝光的树叶头像。

01 打开学习资源中的"素材文件>CH09>素材07.jpg、素材08.png"文件，将素材08.png拖曳到素材07.jpg文档中并调整大小，如图9-75所示，然后选择树枝剪影素材拷贝一份，接着调整位置使其分布在人物脸部周围，如图9-76所示。

图9-75　　　　　　图9-76

02 选择"背景拷贝"图层，然后按快捷键Shift+Ctrl+U将图片去色，如图9-77所示。

图9-77

03 按住Ctrl键的同时单击图层缩略图，将树枝剪影载入选区，如图9-78所示。

图9-78

04 保持选区，回到人物图层，如图9-79所示，然后在"图层"面板下单击"添加图层蒙版"按钮，如图9-80所示。

图9-79　　　　　　图9-80

05 新建一个图层并填充白色，然后将其移动到人物图层的下面，如图9-81所示。

06 选择人物图层的蒙版，然后将前景色设置为黑色，接着使用柔边缘画笔修饰图像边缘，使其产生模糊效果，如图9-82所示。

图9-81　　　　　　图9-82

07 执行"图层>新建调整图层>照片滤镜"菜单命令，然后在"属性"面板中设置"颜色"为蓝色（R:195，G:204，B:213），如图9-83所示，最终效果如图9-84所示。

图9-83 　　　　图9-84

9.6 课后习题

　　通过对这一课的学习，相信读者已充分了解了图层蒙版的相关知识和操作方法，下面通过两个习题来进行巩固。

📝课后习题 合成室内墙上照片

» 实例位置　实例文件>CH09>课后习题：合成室内墙上照片.psd
» 素材位置　素材文件>CH09>素材09.jpg、素材10.jpg
» 视频名称　合成室内墙上照片.mp4
» 技术掌握　蒙版的使用方法

本例使用剪贴蒙版将照片和相框完美融合，得到精致的画面效果。

⊙ 制作提示

　　第1步：打开学习资源中的"素材文件>CH09>素材09.jpg"文件，如图9-85所示。

图9-85

　　第2步：使用"魔棒工具"🔍选中相框中的白色区域，然后按快捷键Ctrl+J将选区复制到一个新图层，如图9-86所示。

图9-86

　　第3步：打开学习资源中的"素材文件>CH09>素材10.jpg"文件，将其拖曳到当前文档中的相框处，然后按快捷键Alt+Ctrl+G创建剪贴蒙版，效果如图9-87所示。

图9-87

课后习题 用段落文字组成海报

» 实例位置　实例文件>CH09>课后习题：用段落文字组成海报.psd
» 素材位置　素材文件>CH09>素材11.jpg
» 视频名称　用段落文字组成海报.mp4
» 技术掌握　文字工具和蒙版的使用

本例将蒙版和文字工具配合使用，只需简单几步即可制作出炫酷的画面效果。

⊙ **制作提示**

第1步： 打开学习资源中的"素材文件>CH09>素材11.jpg"文件，然后复制一层，如图9-88所示。

第2步： 使用"横排文字工具" T 在页面上输入段落文字，然后设置好文字的"行距"和"字距"，如图9-89所示。

第3步： 将文字图层放在海报图层的下面，然后设置人物图层为海报图层的剪贴蒙版，接着在"背景"图层上面新建一个图层，填充黑色，最终效果如图9-90所示。

图9-88

图9-89

图9-90

9.7　本课笔记

通道

通道作为图像的组成部分，和图像的格式是密不可分的。图像色彩、格式不同，通道的数量与模式就不同，这些在通道面板中可以直观地看到。通过通道可建立精确的选区，因此通道多用于抠图和调色。

学习要点

» 通道的类型   » 通道调色

» 通道的基本操作   » 通道抠图

10.1 通道面板

在Photoshop中，要对通道进行操作，就必须使用"通道"面板，执行"窗口>通道"菜单命令，即可打开"通道"面板。"通道"面板会根据图像文件颜色模式显示通道数量，图10-1和图10-2所示分别为RGB颜色模式和CMYK颜色模式下的"通道"面板。

图10-1

图10-2

在"通道"面板中单击即可选中一个通道，选中的通道会以高亮的方式显示，这时就可以对该通道进行编辑，也可以按住Shift键单击选中多个通道。

通道面板选项介绍

将通道作为选区载入│⚬│：单击该按钮，可以将通道中的图像载入选区，按住Ctrl键单击通道缩览图也可以将通道中的图像载入选区。

将选区存储为通道│▣│：如果图像中有选区，单击该按钮，可以将选区中的内容存储到自动创建的Alpha通道中。

创建新通道│◨│：单击该按钮，可以新建一个Alpha通道。

删除当前通道│🗑│：将通道拖曳到该按钮上，可以删除选择的通道。

10.2 通道的类型

Photoshop中有3种不同的通道，分别是颜色通道、通道和专色通道，它们的功能各不相同。

10.2.1 颜色通道

打开一张图像的"通道"面板，默认显示的通道称为颜色通道。这些通道的名称与图像本身的颜色模式相对应，常用的两种颜色模式，一种是RGB颜色模式，相对应的通道名称为红、绿和蓝，如图10-3所示；另一种是CMYK颜色模式，相对应的通道名称为青色、洋红、黄色和黑色，如图10-4所示。

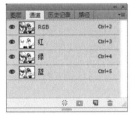

图10-3

图10-4

10.2.2 Alpha通道

认识Alpha通道之前先打开一张图像，该图像中包含一个人像的选区，如图10-5所示。下面就以这张图像来讲解Alpha通道的主要功能。

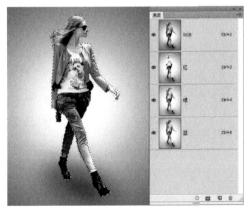

图10-5

功能1：在"通道"面板下单击"将选区存储为通道"按钮│▣│，可以创建一个Alpha1通道，同时选区会存储到通道中，这就是

Alpha通道的第1个功能，即存储选区，如图10-6所示。

图10-6

功能2：单击Alpha1通道，将其单独选择，此时文档窗口中将显示为人物的黑白图像，就是Alpha通道的第2个功能，即存储黑白图像，如图10-7所示。其中，黑色区域表示不能被选择的区域，白色区域表示可以选择的区域（如果有灰色区域，表示可以被部分选择）。

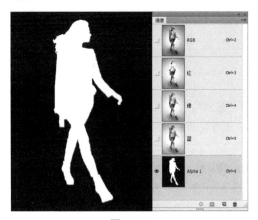

图10-7

功能3：在"通道"面板下单击"将通道作为选区载入"按钮 ☉ 或按住Ctrl键单击Alpha1通道的缩略图，可以载入Alpha1通道的选区，这就是Alpha通道的第3个功能，即可以从Alpha通道中载入选区，如图10-8所示。

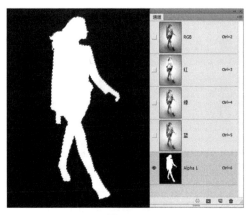

图10-8

10.2.3 专色通道

专色通道主要用来指定用于专色油墨印刷的附加印版。它可以保存专色信息，同时也具有Alpha通道的特点。每个专色通道只能存储一种专色信息，而且是以灰度形式来存储的。专色通道的名称通常是所使用的油墨颜色的名称。

> **提示**
> 除了位图模式以外，其余所有的色彩模式图像都可以建立专色通道。

10.3 新建通道

Photoshop在默认状态下是没有Alpha通道和专色通道的，要得到这两个通道，需要手动操作。下面介绍新建这两个通道的方法。

10.3.1 新建Alpha通道

如果要新建Alpha通道，可以在"通道"面板下面单击"创建新通道"按钮 ▣ ，如图10-9和图10-10所示。

图10-9　　　　　　　图10-10

10.3.2　新建专色通道

如果要新建专色通道，可以在"通道"面板中的菜单中选择"新建专色通道"命令，如图10-11和图10-12所示。

图10-11　　　　　　　图10-12

10.4　通道的基本操作

在"通道"面板中，我们可以选择某个通道进行单独操作，也可以隐藏/显示、删除、拷贝、合并已有的通道，或对其位置进行调换等操作。

10.4.1　快速选择通道

"通道"面板中的每个通道后面都有对应的Ctrl+数字，例如，在图10-13中，"红"通道后面有快捷键Ctrl+3，这就表示按快捷键Ctrl+3可以单独选择"红"通道，如图10-14所示。同理，按快捷键Ctrl+4可以单独选择"绿"通道，按快捷键Ctrl+5可以单独选择

"蓝"通道。

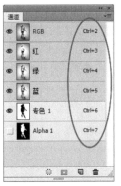

图10-13　　　　　　　图10-14

10.4.2　复制通道

如果要复制通道，可以采用以下3种方法来完成（注意，不能复制复合通道）。

第1种：在面板菜单中选择"复制通道"命令，即可将当前通道进行复制，如图10-15和图10-16所示。

图10-15　　　　　　　图10-16

第2种：在通道上单击鼠标右键，然后在弹出的菜单中选择"复制通道"命令，如图10-17所示。

第3种：直接将通道拖曳到"创建新通道"按钮 🖿 上，如图10-18所示。

图10-17　　　　　　　图10-18

10.4.3 合并通道

可以将多个灰度图像合并为一个图像的通道。要合并的图像必须具备以下3个特点。

第1点：图像必须为灰度模式，并且已被拼合。

第2点：具有相同的像素尺寸。

第3点：处于打开状态。

> 提示
>
> 已打开的灰度图像的数量决定了合并通道时可用的颜色模式。例如，4张图像可以合并为一个RGB图像或CMYK图像。

10.4.4 分离通道

打开一张RGB颜色模式的图像，在"通道"面板的菜单中选择"分离通道"命令，如图10-19所示，可以将红、绿、蓝3个通道单独分离成3张灰度图像（分离成3个文档，并关闭彩色图像），同时每个图像的灰度都与之前的通道灰度相同，如图10-20~图10-22所示。

图10-19

图10-20

图10-21

图10-22

- » 实例位置　实例文件>CH10>操作练习：将通道中的内容拷贝到图层中.psd
- » 素材位置　素材文件>CH10>素材01.jpg、素材02.jpg
- » 视频名称　将通道中的内容拷贝到图层中.mp4
- » 技术掌握　拷贝通道图像的方法

本例主要针对拷贝通道图像的方法进行练习，将通道中的内容拷贝到图层中。

01 打开学习资源中的"素材文件>CH10>素材01.jpg"文件，如图10-23所示。

图10-23

02 打开学习资源中的"素材文件>CH10>素材02.jpg"文件，如图10-24所示，然后切换到"通道"面板，单独选择"蓝"通道，接着按快捷键Ctrl+A全选通道中的图像，最后按快捷键Ctrl+C拷贝图像，如图10-25所示。

图10-24

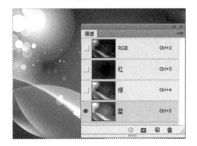

图10-25

03 切换到人像文档窗口，然后按快捷键Ctrl+V将拷贝的图像粘贴到当前文档，此时Photoshop将生成一个新的"图层1"，效果如图10-26所示。

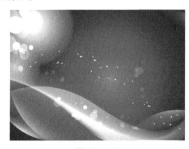

图10-26

04 设置"图层1"的"混合模式"为"叠加"，"不透明度"为60%，最终效果如图10-27所示。

图10-27

10.5　通道调色

通道调色是一种高级调色技术。我们可以对一张图像的单个通道应用各种调色命令，从而达到调整图像中单种色调的目的。下面用"曲线"调整图层来介绍如何用通道进行调色。

单独选择"红"通道，按快捷键Ctrl+M打开"曲线"对话框，将曲线向上调节，可以增加图像中的红色数量，如图10-28所示；将曲线向下调节，则可以减少图像中的红色，如图10-29所示。

图10-28

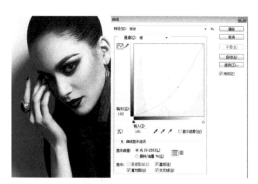

图10-31

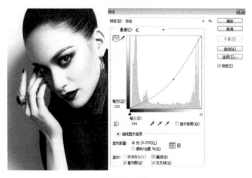

图10-29

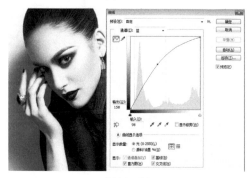

图10-32

单独选择"绿"通道，将曲线向上调节，可以增加图像中的绿色数量，如图10-30所示；将曲线向下调节，则可以减少图像中的绿色，如图10-31所示。

单独选择"蓝"通道，将曲线向上调节，可以增加图像中的蓝色数量，如图10-32所示；将曲线向下调节，则可以减少图像中的蓝色，如图10-33所示。

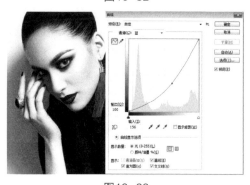

图10-33

图10-30

🖐 **操作练习** 用Lab通道调出唯美照片

» 实例位置　实例文件>CH10>操作练习：用Lab通道调出唯美照片.psd
» 素材位置　素材文件>CH10>素材03.jpg
» 视频名称　用Lab通道调出唯美照片.mp4
» 技术掌握　用Lab通道调色

本例通过调整图像模式，在a、b通道中进行简单的复制粘贴进行调色。

01 打开学习资源中的"素材文件>CH10>素材03.jpg"文件，然后执行"图像>模式>Lab颜色"命令，选择"不拼合"，如图10-34所示。

图10-34

02 切换到通道面板，然后选择a通道，单击面板下方的按钮载入选区，按快捷键Ctrl+C复制内容，接着选择b通道，按快捷键Ctrl+V进行粘贴，如图10-35所示，效果如图10-36所示。

图10-35

图10-36

03 画面中部分人物的衣服偏紫红色，需要进行局部调整，执行"图像>调整>替换颜色"命令，吸取衣服上的紫红色，设置"色相"为-80、"饱和度"为-39，如图10-37所示，最终效果如图10-38所示。

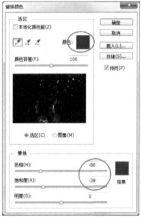

图10-37

图10-38

10.6 通道抠图

使用通道抠取图像是一种非常主流的抠图方法，常用于抠选毛发、云朵、烟雾以及半透明的婚纱等。通道抠图主要是利用图像的色相差别或明度差别来创建选区，在操作过程中可以多次重复使用"亮度/对比度""曲线""色阶"等调整命令，以及画笔、加深、减淡等工具对通道进行调整，以得到精确的选区。图10-39中的人像适合采用通道抠图的方法进行抠图，将人像抠选出来并更换背景后的效果如图10-40所示。

图10-39

图10-40

👆 操作练习 使用通道抠图

» 实例位置 实例文件>CH10>操作练习：使用通道抠图.psd
» 素材位置 素材文件>CH10>素材04.jpg、素材05.jpg
» 视频名称 使用通道抠图.mp4
» 技术掌握 通道的使用方法

本例主要使用通道从素材中抠出一双鞋子，并替换背景，做成产品展示效果图。

01 打开学习资源中的"素材文件>CH10>素材04.jpg"文件，然后将"背景"图层拷贝一份，如图10-41所示。

图10-41

02 打开"通道"面板，选择一个黑白对比最强烈的颜色通道，然后将该通道拷贝一份，这里选择蓝通道，如图10-42所示。

图10-42

03 按快捷键Ctrl+L打开"色阶"对话框，然后调整色阶，如图10-43所示，使图像黑白对比更加强烈，效果如图10-44所示。

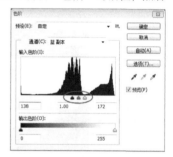

图10-43

图10-44

04 单击"画笔工具" ✐，使用白色画笔将鞋子全部涂抹成白色，如图10-45所示。

图10-45

05 按快捷键Ctrl+M打开"曲线"对话框，调整曲线的形状，如图10-46所示，使背景变黑，效果如图10-47所示。

图10-46

图10-47

06 使用白色"画笔工具" 将鞋子上面的黑色涂白，然后按住Ctrl键单击涂抹好的通道缩览图，将鞋子载入选区，如图10-48所示。

图10-48

07 单击RGB通道，然后回到"图层"面板，如图10-49所示，接着执行"选择>修改>收缩"菜单命令打开"收缩选区"对话框，设置"收缩量"为1，最后单击"确定"按钮 [确定]，如图10-50所示。

图10-49

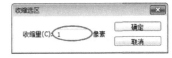

图10-50

08 按快捷键Shift+F6打开"羽化选区"对话框，设置"羽化半径"为2，如图10-51所示，然后单击"确定"按钮 [确定]，接着按快捷键Ctrl+J将选区内容复制到一个新的图层，最后隐藏"背景"图层，如图10-52所示。

图10-51

图10-52

09 打开学习资源中的"素材文件>CH10>素材05.jpg"文件，然后将抠好的鞋子素材拖曳到该文档中，得到"图层1"，接着调整鞋子的大小和位置，效果如图10-53所示。

图10-53

10 新建一个"曲线"和"色彩平衡"调整图层，然后调整曲线形状和颜色数值，如图10-54所示，效果如图10-55所示。

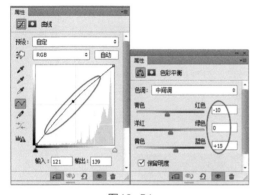

图10-54

图10-55

11 将"图层1"复制一份，拖曳到"背景"图层上面，然后选中两个调整图层，按快捷键Alt+Ctrl+G将其创建为"图层1"的剪贴蒙版，如图10-56所示，效果如图10-57所示。

图10-56

图10-57

12 将"图层1副本"中的鞋子填充黑色，然后将其适当缩小，并拖曳到合适位置，接着单击"图层"面板下面的"添加图层蒙版"按钮 ◻ 为其添加一个图层蒙版，再选中蒙版，使用黑色的柔边圆"画笔工具" ✎ 将超出白色鞋子范围的黑色涂抹掉，最后设置该图层的"不透明度"为75%，最终效果如图10-58所示。

图10-58

10.7 综合练习

运用通道抠图时，配合使用色阶、画笔等工具，能够更加完美地抠出图像。下面讲解两个综合案例。

🖳 综合练习 合成复古街拍照片

» 实例位置　实例文件>CH10>综合练习：合成复古街拍照片.psd
» 素材位置　素材文件>CH10>素材06.jpg、素材07.jpg
» 视频名称　合成复古街拍照片.mp4
» 技术掌握　用通道抠取头发

本例运用通道将头发细致地抠出，然后添加街道图片，合成复古街拍照片效果。

01 打开学习资源中的"素材文件>CH10>素材06.jpg"文件，如图10-59所示。

图10-59

02 切换到"通道"面板，可以观察到"绿"通道中的人像色调与背景色调差异最大，因此复制一个"绿 副本"通道，如图10-60所示。

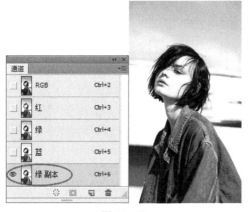

图10-60

提示

使用通道抠图时，一般不要在原始通道上进行操作，否则会改变图像的色调。

03 按 快 捷 键 Ctrl+L打开"色阶"对话框，然后调整色阶，如图10-61所示，效果如图10-62所示。

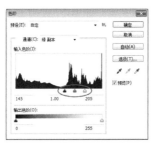

图10-61

图10-62

04 按快捷键Ctrl+M打开"曲线"对话框，然后调节曲线，如图10-63所示，效果如图10-64所示。

05 选择"画笔工 具"，然后将人像涂抹成黑色，将背景涂抹成白色，如图10-65所示。

图10-63

图10-64　　　　　图10-65

06 按住Ctrl键单击"绿 副本"通道的缩略图，将背景载入选区，如图10-66所示，然后单击RGB通道，并切换到"图层"面板，接着按快捷键Shift+Ctrl+I反向选择选区，如图10-67所示。

图10-66　　　　　图10-67

07 执行"选择>修改>收缩"菜单命令打开"收缩选区"对话框，设置"收缩量"为1，如图10-68所示，然后单击"确定"按钮 确定 ，接着按快捷键Ctrl+J将选区内容复制到一个新的图层，最后隐藏"背景"图层，效果如图10-69所示。

图10-68　　　　图10-69

08 打开学习资源中的"素材文件>CH10>素材07.jpg"文件，然后将人像拖曳到该文档中，得到"图层1"，接着调整人像大小和位置，如图10-70所示。

图10-70

09 在"图层"面板顶端新建一个"色彩平衡"调整图层，然后调整颜色数值，如图10-71所示，接着按快捷键Alt+Ctrl+G将其创建为人像图层的剪贴蒙版，效果如图10-72所示。

图10-71

图10-72

10 在"图层"面板顶端新建一个"曲线"调整图层，然后调整曲线形状，如图10-73所示，效果如图10-74所示。

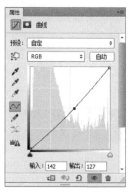

图10-73

图10-74

综合练习　制作网页广告

» 实例位置　实例文件>CH10>综合练习：制作网页广告.psd
» 素材位置　素材文件>CH10>素材08.jpg、素材09.jpg、素材10.psd、素材11.png
» 视频名称　制作网页广告.mp4
» 技术掌握　用通道抠取沙粒

本例制作的是港式茶点的网页广告，运用通道抠出沙粒的部分，然后添加一些装饰素材，体现港式茶点的文艺风格。

01 打开学习资源中的"素材文件>CH10>素材08.jpg"文件，如图10-75所示。

图10-75

02 新建一个图层，然后使用"矩形工具" ▢ 绘制白色矩形，接着调整"不透明度"为85%，效果如图10-76所示。

图10-76

03 打开学习资源中的"素材文件>CH10>素材09.jpg"文件，如图10-77所示，然后切换到通道面板，再选择"红"通道，拷贝出一个通道，如图10-78所示。

图10-77

图10-78

提示

这里选择红色通道，是因为主体物与背景的色调相差较大，利于抠图。

04 为了使黑白对比更加明显，按快捷键Ctrl+J调整色阶，拖动滑块，如图10-79所示，效果如图10-80所示。

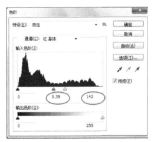

图10-79

图10-80

05 设置前景色为白色，然后使用"画笔工具" ✐ 将要抠出的沙粒部分涂抹成白色，如图10-81所示。

06 单击"将通道载入选区"按钮，将画面中的白色区域载入选区，然后从选区减去除沙粒外多余的部分，如图10-82所示，接着选择RGB通道模式，并切换到图层面板，再按快捷键Ctrl+J复制出选区内的内容，效果如图10-83所示。

第10课 通道

图10-81

图10-82

图10-83

07 将抠出的图片拖曳到制作文件中，并调整大小和位置，如图10-84所示。

图10-84

08 打开学习资源中的"素材文件>CH10>素材10.psd"文件，将其拖曳到文件中的适当位置，然后使用"横排文字工具" T 在矩形内输入产品文字，效果如图10-85所示。

图10-85

09 将文字栅格化，然后使用"多边形套索工具" ☑ 框选出文字的部分选区，如图10-86所示，接着拷贝出选区的内容，最后载入拷贝图层的选区，并为选区填充绿色，效果如图10-87所示。

图10-86

图10-87

211

10 打开学习资源中的"素材文件>CH10>素材11.png"文件，将其拖曳到文件中的适当位置，如图10-88所示。

图10-88

📝 课后习题　抠取复杂图像

» 实例位置　实例文件>CH10>课后习题：抠取复杂图像.psd
» 素材位置　素材文件>CH10>素材12.jpg、素材13.jpg
» 视频名称　抠取复杂图像.mp4
» 技术掌握　抠取复杂图像

本案例将演示如何抠取复杂的图像，主要使用通道调整图像色调，抠取出树枝图像，再添加天空背景。

⊙ 制作分析

第1步：打开素材图像，如图10-89所示。下面将抠取树枝图像。

图10-89

第2步：单击"图层"面板底部的"创建调整图层"按钮，分别使用"反相""通道混合器""色阶"命令，调整参数如图10-90所示，图像效果如图10-91所示。

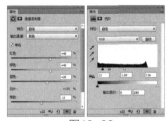

图10-90

图10-91

第3步：切换到"通道"面板中，按住Cltr键单击RGB通道载入图像选区；切换回"图层"面板，按住Alt键，双击"背景"图层，将其转换为普通图层，单击"添加图层蒙版"按钮 ▣ 添加图层蒙版，得到白色树枝图像，如图10-92所示。

第4步：隐藏调整图层，打开天空背景图像，将抠取的树枝图像移动过来，如图10-93所示，完成操作。

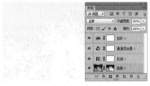

图10-92　　　　　　图10-93

10.8　本课笔记

第11课

滤镜

使用Photoshop滤镜可以改变图像像素的位置和颜色，从而产生各种特殊的图像效果。

学习要点

» 滤镜的使用原则与相关技巧   » 智能滤镜的用法

» 液化滤镜的用法

11.1 认识滤镜与滤镜库

滤镜是Photoshop的重要功能，主要用来制作各种特殊效果。滤镜的功能非常强大，不仅可以调整照片，而且可以创作出绚丽无比的创意图像，如图11-1和图11-2所示。

图11-1

图11-2

提示

滤镜在Photoshop中具有非常神奇的作用，使用时只需要从滤镜菜单中选择需要的滤镜，然后适当调节参数即可。通常情况下，滤镜需要配合通道、图层等一起使用，才能获得较好的艺术效果。

Photoshop中的滤镜可以分为特殊滤镜、滤镜组和外挂滤镜。Photoshop提供了很多滤镜，这些滤镜都放在"滤镜"菜单中。同时，Photoshop还支持第三方开发商提供增效工具，安装这些增效工具后，滤镜会出现在"滤镜"菜单的底部，其使用方法与Photoshop自带滤镜相同。

11.1.1 Photoshop中的滤镜

Photoshop CS6中的滤镜达100余种，其中"滤镜库""镜头校正"和"消失点"滤镜属于特殊滤镜，"风格化""画笔描边""模糊""扭曲""锐化""视频""素描""纹理""像素化""渲染""艺术效果""杂色"和"其他"属于滤镜组，如果安装了外挂滤镜，在"滤镜"菜单的底部会显示出来，如图11-3所示。

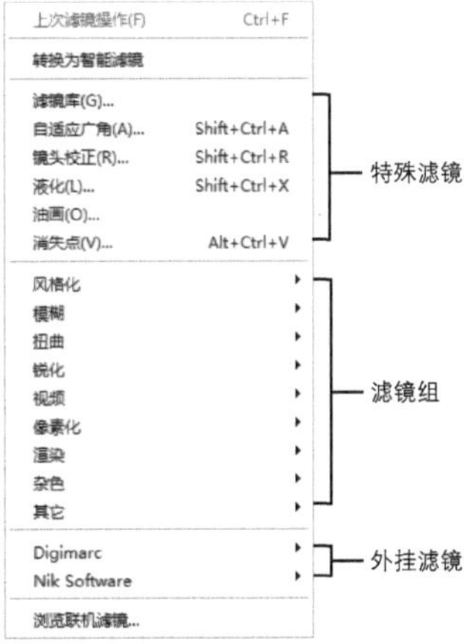

图11-3

从功能上可以将滤镜分为3大类，分别是修改类滤镜、创造类滤镜和复合类滤镜。修改类滤镜主要用于调整图像的外观，如"画笔描边"滤镜、"扭曲"滤镜、"像素化"滤镜等；创造类滤镜可以脱离原始图像进行操作，如"云彩"滤镜；复合滤镜与前两种差别较大，它包含自己独特的工具，如"液化"滤镜等。

提示

为图像添加滤镜的方法很简单。例如，要为图11-4添加一个"染色玻璃"滤镜，可以执行"滤镜>滤镜库"菜单命令，打开"滤镜库"对话框，然后在"纹理"滤镜组下选择"染色玻璃"，然后适当调节参数即可，如图11-5所示。

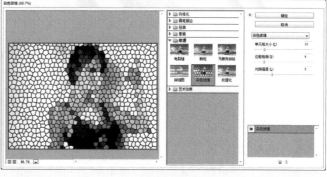

图11-4　　　　　　　　　　　　　　　　图11-5

11.1.2 智能滤镜

　　应用于智能对象的任何滤镜都是智能滤镜，智能滤镜属于"非破坏性滤镜"。由于智能滤镜的参数是可以调整的，因此可以调整智能滤镜的作用范围，或将其进行移除、隐藏等操作。打开一张图像，如图11-6所示。

图11-6

　　要使用智能滤镜，首先需要将普通图层转换为智能对象。在图层缩略图上单击鼠标右键，在弹出的菜单中选择"转换为智能对象"命令，即可将图层转换为智能对象，如图11-7所示。

图11-7

　　在"滤镜"菜单下选择一个滤镜命令，对智能对象应用智能滤镜，如图11-8所示。智能滤镜包含一个类似于图层样式的列表，可以隐藏、停用和删除滤镜，如图11-9和图11-10所示。

图11-8

图11-9

图11-10

除了"液化""消失点""场景模糊""光圈模糊""倾斜模糊"和"镜头模糊"滤镜以外,其他滤镜都可以作为智能滤镜应用,当然也包含支持智能滤镜的外挂滤镜。另外,"图像>调整"菜单下的"阴影/高光"和"变化"命令,也可以作为智能滤镜来使用。

另外,还可以像编辑图层蒙版一样用画笔编辑智能滤镜的蒙版,使滤镜只影响部分图像,如图11-11所示。同时,可以设置智能滤镜与图像的混合模式,双击滤镜名称右侧的 ≒ 图标,在弹出的"混合选项"对话框中调节滤镜的"模式"和"不透明度",如图11-12和图11-13所示。

图11-11

图11-12

图11-13

11.1.3 滤镜库对话框

"滤镜库"是一个集合了大部分常用滤镜的对话框,如图11-14所示。在滤镜库中,可以对一张图像应用一个或多个滤镜,或对同一图像多次应用同一个滤镜,还可以使用其他滤镜替换原有的滤镜。

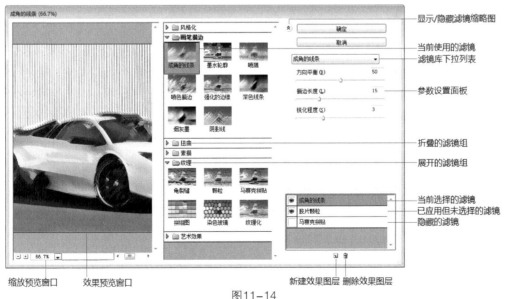

图11-14

滤镜库对话框选项介绍

效果预览窗口：用来预览应用滤镜后的效果。

当前使用的滤镜：处于灰底状态的滤镜表示正在使用的滤镜。

缩放预览窗口：单击□按钮，可以缩小预览窗口的显示比例；单击⊞按钮，可以放大预览窗口的显示比例。另外，还可以在缩放列表中选择预设的缩放比例。

显示/隐藏滤镜缩略图 &：单击该按钮，可以隐藏滤镜缩略图，以增大预览窗口。

参数设置面板：单击滤镜组中的一个滤镜，可以将该滤镜应用于图像，同时参数设置面板中会显示该滤镜的参数选项。

新建效果图层 ⬛：单击该按钮，可以新建一个效果图层，在该图层中可以应用一个滤镜。

删除效果图层 🗑：选择一个效果图层以后，单击该按钮可以将其删除。

提示

滤镜库中只包含一部分滤镜，如"模糊"滤镜组和"锐化"滤镜组就不在滤镜库中。

11.1.4 滤镜的使用原则与技巧

使用滤镜时，掌握了其使用原则和使用技巧，可以大大提高工作效率。下面是滤镜的11点使用原则与使用技巧。

第1点：使用滤镜处理图层中的图像时，该图层必须是可见图层。

第2点：如果图像中存在选区，则滤镜效果只应用在选区之内，如图11-15所示；如果没有选区，则滤镜效果将应用于整个图像，如图11-16所示。

图11-15 　　　　　图11-16

第3点：滤镜效果以像素为单位进行计算，因此，用相同参数处理不同分辨率的图像时，其效果也不一样。

第4点：只有"云彩"滤镜可以应用在没有像素的区域，其余滤镜都必须应用在包含像素的区域（某些外挂滤镜除外）。

第5点：滤镜可以用来处理图层蒙版、快速蒙版和通道。

第6点：在CMYK颜色模式下，某些滤镜不可用；在索引和位图颜色模式下，所有的滤镜都不可用。如果要对CMYK图像、索引图像和位图图像应用滤镜，可以执行"图像>模式>RGB颜色"菜单命令，将图像模式转换为RGB颜色模式后，再应用滤镜。

第7点：当应用完一个滤镜以后，"滤镜"菜单下的第1行会出现该滤镜的名称，如图11-17所示。执行该命令或按快捷键Ctrl+F，可以按照上一次应用该滤镜的参数配置再次对图像应用该滤镜。另外，按快捷键Alt+Ctrl+F可以打开该滤镜的对话框，对滤镜参数进行重新设置。

图11-17

第8点：在任何一个滤镜对话框中按住Alt键，"取消"按钮 取消 都将变成"复位"按钮 复位 ，如图11-18所示。单击"复位"按钮 复位 ，可以将滤镜参数恢复到默认设置。

图11-18

第9点：滤镜的顺序对滤镜的总体效果有

明显的影响。

第10点：在应用滤镜的过程中，如果要终止处理，可以按Esc键。

第11点：应用滤镜时，通常会弹出该滤镜的对话框或滤镜库，在预览窗口中可以预览滤镜效果，同时可以拖曳图像，以观察其他区域的效果，如图11-19所示。单击█按钮和█按钮可以缩放图像的显示比例。另外，在图像的某个点上单击，在预览窗口中就会显示出该区域的效果，如图11-20所示。

图11-19

图11-20

11.1.5 如何提高滤镜性能

应用某些滤镜时，会占用大量的内存，如"铬黄渐变""光照效果"等滤镜，特别是处理高分辨率的图像，Photoshop的处理速度会更慢。遇到这种情况，可以尝试使用以下3种方法来提高处理速度。

第1种：关闭多余的应用程序。

第2种：在应用滤镜之前先执行"编辑>清理"菜单下的命令，释放出部分内存。

第3种：将计算机内存多分配给Photoshop一些。执行"编辑>首选项>性能"菜单命令，打开"首选项"对话框，然后在"内存使用情况"选项组下将Photoshop的内存使用量设置得高一些，如图11-21所示。

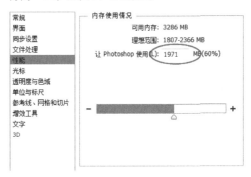

图11-21

操作练习 制作高速运动特效

» 实例位置　实例文件>CH11>操作练习：制作高速运动特效.psd
» 素材位置　素材文件>CH11>素材01.jpg
» 视频名称　制作高速运动特效.mp4
» 技术掌握　用动感模糊滤镜制作高速运动特效

本例讲解运用"动感模糊"将背景制作出动感的运动特效。

01 打开学习资源中的"素材文件>CH11>素材01.jpg"文件，如图11-22所示。

图11-22

02 按快捷键Ctrl+J将"背景"图层拷贝一层，得到"图层1"，然后执行"滤镜>模糊>动感模糊"菜单命令，在弹出的"动感模糊"

对话框中设置"角度"为-15°、"距离"为690像素，如图11-23所示，效果如图11-24所示。

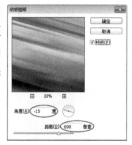

图11-23

图11-24

提示

由于只需要让背景产生运动模糊效果，但现在连前景和汽车都被模糊，因此还需要进行相应调整。

03 在"历史记录"面板中标记最后一项"动感模糊"操作，并返回到前一步操作状态，如图11-25所示，然后使用"历史记录画笔工具" 在背景上涂抹，将其还原为动感模糊效果，最终效果如图11-26所示。

图11-25

图11-26

11.2 液化滤镜

　　"液化"滤镜是修饰图像和创建艺术效果的强大工具，其使用方法比较简单，但功能却相当强大，可以创建推、拉、旋转、扭曲和收缩等变形效果，并且可以修改图像的任何区域（"液化"滤镜只能应用于8位/通道或16位/通道的图像）。执行"滤镜>液化"菜单命令，打开"液化"对话框，如图11-27所示。

向前变形工具
重建工具
平滑工具
顺时针旋转扭曲工具
褶皱工具
膨胀工具
左推工具
冻结蒙版工具
解冻蒙版工具
抓手工具
缩放工具

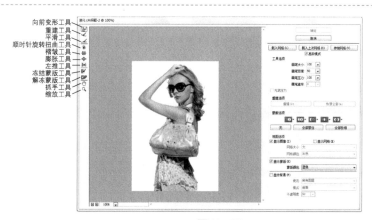

图11-27

提示

由于"液化"滤镜支持硬件加速功能，因此如果没有在首选项中开启"使用图形处理器"选项，Photoshop会弹出一个"液化"提醒对话框，如图11-28所示，提醒用户是否需要开启"使用图形处理器"选项，单击"确定"按钮 确定 ，可以继续应用"液化"滤镜。

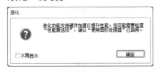

图11-28

液化对话框选项介绍

向前变形工具：可以向前推动像素，如图11-29所示。

重建工具：用于恢复变形的图像。在变形区域单击或拖曳鼠标进行涂抹时，可以使变形区域的图像恢复到原来的效果，如图11-30所示。

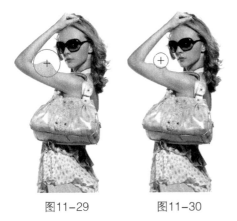

图11-29　　　　图11-30

提示

使用"液化"对话框中的变形工具在图像上单击并拖曳鼠标，即可进行变形操作，变形集中在画笔的中心。

褶皱工具：可以使像素向画笔区域的中心移动，使图像产生内缩效果，如图11-31所示。

膨胀工具：可以使像素向画笔区域中心以外的方向移动，使图像产生向外膨胀的效果，如图11-32所示。

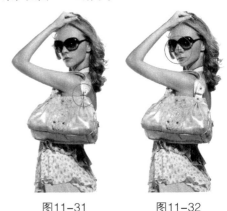

图11-31　　　　图11-32

左推工具：当向上拖曳鼠标时，像素会向左移动，如图11-33所示；当向下拖曳鼠标时，像素会向右移动，如图11-34所示；按住Alt键向上拖曳鼠标时，像素会向右移动；按住Alt键向下拖曳鼠标时，像素会向左移动。

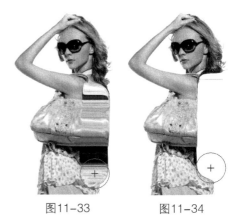

图11-33　　　　图11-34

抓手工具/缩放工具：这两个工具的使用方法与"工具箱"中的相应工具完全相同。

工具选项：该选项组下的参数主要用来设置当前使用工具的各种属性。

画笔大小：用来设置扭曲图像的画笔的大小。

画笔压力：控制画笔在图像上产生扭曲的速度。

光笔压力：当计算机配有压感笔或数位板时，勾选该选项，可以通过压感笔的压力来控制工具。

重建选项：该选项组下的参数主要用来设置重建方式。

恢复全部 [　恢复全部(A)　]：单击该按钮，可以取消所有的变形效果。

🖑 **操作练习** 使用液化滤镜修出完美脸形

» 实例位置　实例文件>CH11>操作练习：使用液化滤镜修出
　　　　　　完美脸形.psd
» 素材位置　素材文件>CH11>素材02.jpg
» 视频名称　使用液化滤镜修出完美脸形.mp4
» 技术掌握　液化滤镜的使用方法

本例主要针对液化滤镜的使用方法进行练习，使用液化滤镜修出完美脸形。

01 打开学习资源中的"素材文件>CH11>素材02.jpg"文件，如图11-35所示。

图11-35

02 将背景图层拷贝一份，然后执行"滤镜>液化"菜单命令，打开"液化"对话框，接着选择"左推工具" ⊞，将左侧脸颊从外向内轻推，如图11-36所示，最后将右侧脸颊从外向内轻推，如图11-37所示。

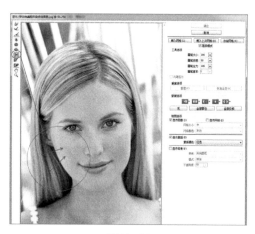

图11-36

图11-37

03 使用"左推工具" ⊞ 调整人物下巴，效果如图11-38所示。

图11-38

在调整过程中，可以按[键和]键来调节画笔的大小。

04 选择"膨胀工具" ，然后设置"画笔大小"为200、"画笔密度"为50，接着在两只眼睛上单击鼠标左键，使眼睛变大，如图11-39和图11-40所示。

图11-39

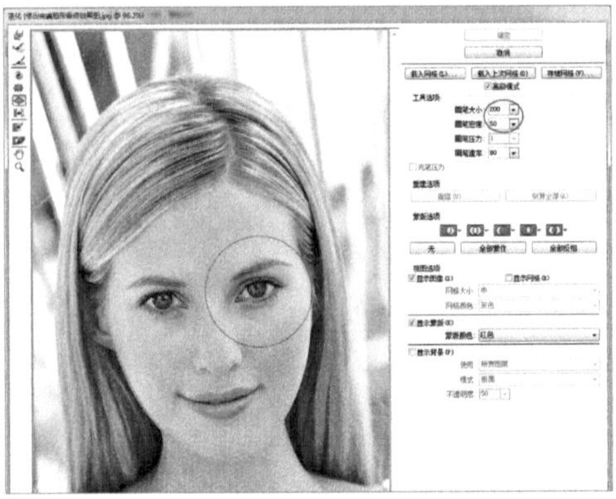

图11-40

提示

注意，"膨胀工具" 类似于"喷枪"，单击时间越长（松开鼠标左键的时间），对图像局部的影响就越大，所以放大眼睛的时间要适可而止。

05 选择"向前变形工具"，然后设置"画笔大小"为10、"画笔密度"为50、"画笔压力"为100，接着将人物左侧眼睛眼尾向左轻推拉长眼角，右侧眼睛眼尾向右轻推拉长眼

角，如图11-41所示。

图11-41

06 新建一个"曲线"调整图层，然后将曲线向上调整到如图11-42所示的位置，效果如图11-43所示。

图11-42

图11-43

07 使用"加深工具" 涂抹人物眉毛，加深其颜色，效果如图11-44所示，然后使用"海绵工具" 涂抹让人物嘴唇，使其色彩鲜艳，效果如图11-45所示。

图11-44

图11-45

08 按快捷键Shift+Ctrl+Alt+E将可见图层盖印到一个"美化"图层中，然后按快捷键Ctrl+J复制一个"美化拷贝"图层，接着执行"滤镜>模糊>高斯模糊"菜单命令，最后在打开的"高斯模糊"对话框中设置"半径"为5像素，如图11-46所示，效果如图11-47所示。

09 设置"美化拷贝"图层的"混合模式"为"叠加"，"不透明度"为40%，最终效果如图11-48所示。

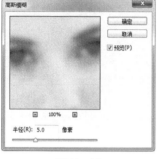

图11-46

图11-47

图11-48

11.3 综合练习

通过学习前面的知识，相信读者已经掌握了滤镜的基本操作。下面通过两个综合案例的练习，读者可以进一步感受滤镜的强大功能。

综合练习 制作油画

» 实例位置　实例文件>CH11>综合练习：制作油画.psd
» 素材位置　素材文件>CH11>素材03.jpg、素材04.png
» 视频名称　制作油画.mp4
» 技术掌握　用滤镜库制作油画

本例使用滤镜库中的一个滤镜制作油画效果。

01 打开学习资源中的"素材文件>CH11>素材03.jpg"文件，如图11-49所示。

图11-49

02 执行"滤镜>滤镜库"菜单命令，打开"滤镜库"对话框，然后在"艺术效果"滤镜组下选择"干画笔"滤镜，接着设置"画笔大小"为2、"画笔细节"为8、"纹理"为1，如图11-50所示。

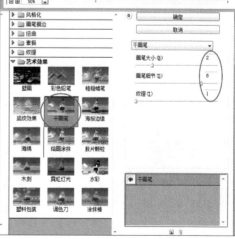

图11-50

03 单击"新建效果图层"按钮，新建一个效果图层，然后在在"艺术效果"滤镜组下选择"绘画涂抹"滤镜，接着设置"画笔大小"为5、"锐化程度"为7，如图11-51所示，效果如图11-52所示。

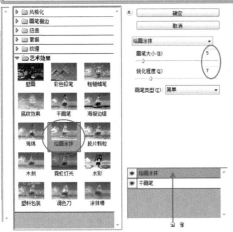

图11-51

图11-52

04 导入学习资源中的"素材文件>CH11>素材04.png"文件，得到"图层1"，如图11-53所示，然后按Alt键双击"背景"图层将其转换为"图层0"，如图11-54所示。

图11-53

图11-54

05 选中"图层0"，按快捷键Ctrl+T进入自由变换状态，将其调整到画框大小，如图11-55所示。

图11-55

06 使用"裁剪工具" 裁掉透明的背景，最终效果如图11-56所示。

图11-56

图11-58

🖥 **综合练习** 制作速写效果

» 实例位置　实例文件>CH11>综合练习：制作速写效果.psd
» 素材位置　素材文件>CH11>素材05.jpg、素材06.jpg
» 视频名称　制作速写效果.mp4
» 技术掌握　用查找边缘滤镜制作速写效果

本例使用"查找边缘"滤镜制作手绘速写效果。

01 打开学习资源中的"素材文件>CH11>素材05.jpg"文件，如图11-57所示。

图11-57

02 按快捷键Ctrl+J将"背景"图层拷贝一层，得到"图层1"，然后执行"滤镜>风格化>查找边缘"菜单命令，效果如图11-58所示。

03 按快捷键Shift+Ctrl+U为"图层1"去色，效果如图11-59所示，然后在"通道"面板中按住Ctrl键单击RGB通道的缩览图加载选区，效果如图11-60所示。

图11-59

图11-60

04 在"图层"面板最上层新建一个"填充"图层，然后执行"编辑>填充"菜单命令打开"填充"对话框，接着在对话框中的"内容"项下设置"使用"为"历史记录"，设置如图11-61所示，效果如图11-62所示。

图11-61

图11-62

05 按快捷键Ctrl+D取消选择，然后设置该图层的"混合模式"为"颜色"，效果如图11-63所示。

图11-63

06 导入学习资源中的"素材文件>CH11>素材06.jpg"文件，如图11-64所示，然后设置该图层的"混合模式"为"叠加"，效果如图11-65所示。

图11-64

图11-65

07 在最上层新建一个"渐变"图层，然后选择"渐变工具" ，打开"渐变编辑器"对话框，并选择预设的"蓝，红，黄渐变"，如图11-66所示，接着在选项栏中单击"线性渐变"按钮 ，最后从右上角向左下角拉出渐变，效果如图11-67所示。

图11-66　　　　　　图11-67

08 设置"渐变"图层的"不透明度"为55%，最终效果如图11-68所示。

图11-68

11.4 课后习题

本课着重讲解滤镜中常用工具的使用方法，通过以上的学习，相信读者对此已有了深入的认识，下面我们讲解两个习题进行巩固。

📝课后习题 制作散景照片

» 实例位置　实例文件>CH11>课后习题：制作散景照片.psd
» 素材位置　素材文件>CH11>素材07.jpg
» 视频名称　制作散景照片.mp4
» 技术掌握　场景模糊滤镜的用法

本习题运用"场景模糊"滤镜将图片背景进行模糊，制作出自然的散景效果。

制作提示

第1步：打开素材图片，执行"滤镜>模糊>场景模糊"菜单命令，此时照片中会自动添加一个图钉，将其放到人像的脸上，如图11-69所示。

图11-69

第2步：在人像上单击，添加多个图钉，然后设置人物部分的图钉"模糊"数值为0像素，背景部分的图钉"模糊"数值为25像素，效果如图11-70所示。

第3步：在"模糊效果"面板中分别设置"光源散景""散景颜色"和"光照范围"的数值，制作出散景效果，效果如图11-71所示。

图11-70

图11-71

课后习题　为人物皮肤磨皮

» 实例位置　实例文件>CH11>课后习题：为人物皮肤磨皮.psd
» 素材位置　素材文件>CH11>素材08.jpg
» 视频名称　为人物皮肤磨皮.mp4
» 技术掌握　高斯模糊滤镜的用法

本习题主要练习如何使用"高斯模糊"滤镜美化人物皮肤。

制作提示

第1步：打开素材图片，如图11-72所示。

第2步：创建一个"曲线"调整图层，然后在"属性"面板中调整曲线的形状，效果如图11-73所示。

图11-72

图11-73

第3步：按快捷键Shift+Ctrl+Alt+E将可见图层盖印到一个"美化"图层中，然后按快捷键Ctrl+J复制一个"美化副本"图层，接着执行"滤镜>模糊>高斯模糊"菜单命令，最后在打开的"高斯模糊"对话框中设置"半径"效果，如图11-74所示。

第4步：设置"美化拷贝"图层的"混合模式"为"叠加"，最终效果如图11-75所示。

图11-74

图11-75

11.5　本课笔记

第12课

综合练习

通过对前面内容的学习，相信读者已经掌握了Photoshop
的核心功能和技术。本课将通过5个综合案例来进一步巩
固前面所学的知识，这5个案例分别是制作杂志封面、制
作商品海报、制作UI图标、制作电商横幅广告和制作网
页界面。

学习要点

» 灵活处理文字和图片　　» 图像材质和体积感的表现
» 灵活布置页面版式

12.1 制作杂志封面

» 实例位置　实例文件>CH12>综合练习：制作杂志封面.psd
» 素材位置　素材文件>CH12>素材01.jpg
» 视频名称　制作杂志封面.mp4
» 技术掌握　时尚杂志封面设计

　　本例重点在于杂志封面版面的设计。制作杂志封面时不仅要图文相关，更要突出主要的文字信息，让读者能够一眼就发现杂志所要传播的信息是什么。本例最终效果如图12-1所示。

图12-1

01 打开学习资源中的"素材文件>CH12>素材01.jpg"文件，如图12-2所示。

图12-2

02 切换到"通道"面板，选中面板中的"红"通道，然后复制"红"通道得到"红 副本"通道，如图12-3所示。

图12-3

03 执行"图像>调整>色阶"菜单命令，然后在打开的"色阶"对话框中拖动下方小三角，使人物的颜色与背景对比鲜明，如图12-4所示，效果如图12-5所示。

04 用"画笔工具" 将人物颜色较浅部分涂黑，将背景颜色较深的部分涂白，如图12-6所示。

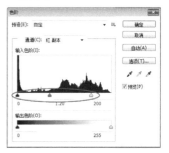

图12-4

图12-5

图12-6

05 执行"图像>调整>曲线"菜单命令，然后在打开的"曲线"对话框中调整曲线形状，使人物颜色变黑，使背景颜色变白，接着按住Ctrl键单击"红 副本"通道缩略图载入选区，如图12-7所示，效果如图12-8所示。

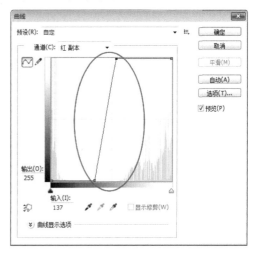

图12-7

图12-8

06 单击RGB通道，然后回到"图层"面板，接着按快捷键Ctrl+Shift+I反向选择，如图12-9所示，最后按快捷键Ctrl+J将选区复制出来，如图12-10所示。

图12-9　　　　　图12-10

07 按快捷键Ctrl+J新建一个名为"杂志封面"的文件，如图12-11所示。

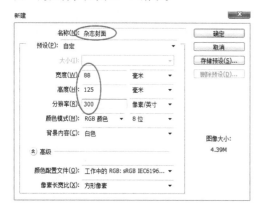

图12-11

08 设置前景色为（R:49，G:49，B:49），填充到背景图层中，然后将抠好的人物拖曳

到"杂志封面"文件中，得到"图层1"，接着调整人物位置和大小，如图12-12所示。

09 新建一个"图层2"，然后选择"椭圆选框工具"，在图层上绘制出一个圆，并将其填充白色，如图12-13所示。

图12-12　　　　　图12-13

10 取消选区，然后执行"滤镜>模糊>高斯模糊"菜单命令，在打开的"高斯模糊"对话框中设置参数，如图12-14所示，将该图层的"不透明度"设置为41%，如图12-15所示。

图12-14　　　　　图12-15

11 按快捷键Ctrl+J复制图层，得到"图层2 副本"，然后单击"图层"面板下方的"添加图层蒙版"按钮　为该图层添加蒙版，接着在蒙版上绘制透明渐变，再将该图层的"不透明度"设置为34%，如图12-16所示，最后将"图层2"和"图层2 副本"拖动到"图层1"下方，效果如图12-17所示。

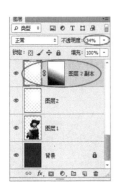

图12-16　　　　　图12-17

图12-21

14 使用相同的方法创建多个文字选区，并输入相关文字，最终效果如图12-22所示。

12 选择"横排文字工具"，然后在"字符"面板中设置字体属性，具体参数如图12-18所示，接着在图层上绘制出一个文字选区，并输入文本，最后拖曳文字图层到适当位置，并在"图层"面板中将该图层拖动到"图层1"下方，效果如图12-19所示。

图12-22

图12-18　　　　　图12-19

12.2　制作商品海报

» 实例位置　实例文件>CH12>综合练习：制作商品海报.psd
» 素材位置　素材文件>CH12>素材02.jpg、素材03.png、素材04.jpg、
　　　　　素材05.jpg、素材06.psd、素材07.png、素材08.psd
» 视频名称　制作商品海报.mp4
» 技术掌握　快速制作商品海报

13 设置前景色为（R:175，G:142，B:111），然后在"字符"面板中设置好文字参数，接着用"横排文字工具"绘制出一个文字选区，并输入文本，再单击"图层"面板下的"添加图层样式"选项，为其添加"投影"效果，具体参数如图12-20所示，效果如图12-21所示。

本案例要制作一款鞋子的商品海报，通过对素材文件进行调整，使其能互相融合为一体，做出酷炫的效果，最终效果如图12-23所示。

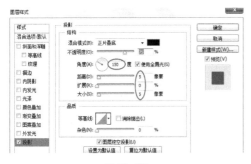

图12-20

图12-23

01 打开学习资源中的"素材文件>CH12>素材02.jpg"文件，如图12-24所示。

02 导入学习资源中的"素材文件>CH12>素材03.png"文件，然后将素材复制3份，并将图片调整大小后拖曳到适当位置，如图12-25所示。

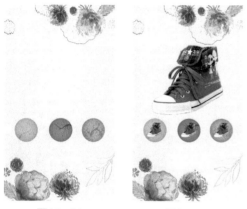

图12-24　　　　　图12-25

03 双击最大鞋子所在的图层，打开"图层样式"对话框，然后单击"投影"样式，接着在该界面中设置参数，如图12-26所示，效果如图12-27所示。

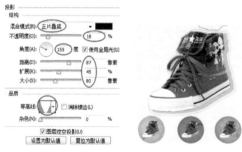

图12-26　　　　　图12-27

04 导入学习资源中的"素材文件>CH12>素材04.jpg"文件，然后将该图层的"混合模式"设置为"线性减淡（添加）"，如图12-28所示，效果如图12-29所示。

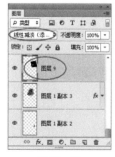

图12-28　　　　　图12-29

05 按快捷键Ctrl+J复制图层，然后设置该图层的"混合模式"为"颜色减淡"，"不透明度"为50%，并按快捷键Ctrl+G为两个图层添加分组，接着单击图层面板下方的"添加图层蒙版"按钮 ◙ ，为组添加一个图层蒙版，再选中蒙版，最后使用较低"不透明度"的黑色柔边圆"画笔工具" ☑ 涂抹素材文件的前端使其与鞋子融合，如图12-30所示，效果如图12-31所示。

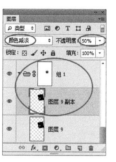

图12-30　　　　　图12-31

06 导入学习资源中的"素材文件>CH12>素材05.jpg"文件，调整大小后拖曳到适当位置，然后设置该图层的"混合模式"为"变亮"，如图12-32所示，效果如图12-33所示。

图12-32　　　　　图12-33

07 导入学习资源中的"素材文件>CH12>素材06.psd"文件，调整大小后拖曳到适当位置，效果如图12-34所示。

08 导入学习资源中的"素材文件>CH12>素材07.png"文件，调整大小后拖曳到适当位置，然后用"横排文字工具" ⊤ 在素材中输入文字，字体样式为"方正喵呜体"，字体大小分别为39pt和47pt，效果如图12-35所示。

图12-34   图12-35

09 继续使用"横排文字工具" T 在图像中输入文本，字体样式分别为方正报宋GBK和造字工房悦园黑体，字体大小分别为24pt和36pt，字体颜色为（R:198，G:79，B:130），并将较大的文字加粗，效果如图12-36所示。

10 在图层面板顶端新建一个图层，然后选择"直线工具" ，在选项栏中设置"选项模式"为"像素"、"粗细"为15像素，并设置前景色为（R:209，G:120，B:152），接着在图像中的合适位置绘制一条斜线，最后导入学习资源中的"素材文件>CH12>素材08.psd"文件，调整大小后拖曳到适当位置，最终效果如图12-37所示。

图12-36   图12-37

12.3 制作UI图标

» 实例位置　实例文件>CH12>综合练习：制作UI图标.psd
» 素材位置　无
» 视频名称　制作UI图标.mp4
» 技术掌握　材质与体积感的制作

在设计一个图标之前，首先需要了解图标所针对的系统、要传递的信息和用户群，这些信息可以帮助设计师快速、高效地设计出图标，不会浪费过多的时间在修改图标上。本例以制作一个时钟的图标为例来讲解制作图标的方法，效果如图12-38所示。

图12-38

01 快捷键Ctrl+N新建一个名为"UI图标"的文件，如图12-39所示。

图12-39

02 新建一个"底色"图层，然后选择"渐变工具" ，并设置渐变色为翠绿色（R:68，G:118，B:118）至橄榄绿（R:43，G:75，B:61）之间的渐变，如图12-40所示。

图12-40

03 移动鼠标光标至画布左上角，然后斜向右下角拖曳鼠标，为画布填充渐变，如图12-41所示。

04 建一个"图层1"，使用"矩形选框工具" 在画布中绘制出一个511像素×511像素的矩形选区，并使用"渐变工具"为选区填充渐变色；然后选中图层，使用对齐命令调整矩形至画布中间位置，如图12-42所示。

图12-41　　　　　　图12-42

05 按快捷键Ctrl+D取消选区，然后双击图层，打开"图层样式"对话框，勾选"投影"选项，接着双击投影，即可编辑投影的对应参数，具体设置如图12-43所示，设置完成后单击"确定"按钮，即可为图层添加样式，效果如图12-44所示。

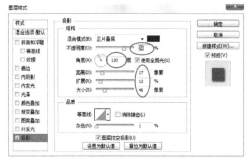

图12-43

图12-44

06 选中"图层1"并按快捷键Ctrl+J复制图层，然后选中复制图层的样式，拖曳至"删除"按钮 将其样式删除，如图12-45所示。

07 保持对复制图层的选中，然后按快捷键Ctrl+T使用"自由变换"将矩形缩小至原比例的90%大小，并将矩形的颜色更改为一个浅色渐变，如图12-46所示。

图12-45　　　　　　图12-46

08 选中"图层1"的复制层，然后按快捷键Ctrl+J复制图层，接着单击"添加图层蒙版"按钮 ，为该图层添加一个图层蒙版，并使用"渐变工具" 在蒙版的左上角绘制出白色到透明的渐变，如图12-47所示，最后设置图层的"混合模式"为"滤色"，完成后矩形的立体感会更加明显，如图12-48所示。

图12-47　　　　　　图12-48

09 再次复制"图层1"，并删除图层样式，然后将复制图层调整至顶层，接着按快捷键Ctrl+T调用"自由变换"命令，并将矩形缩小至合适大小，完成后按住Ctrl键并单击图层缩略图，为矩形载入选区，再使用"渐变工具" 为矩形重新填充渐变，效果如图12-49所示。

图12-49

10 复制"图层1",删除图层样式,然后将该图层调整至顶层,接着执行"滤镜>滤镜库"菜单命令打开"滤镜库"对话框,并单击"纹理",在其下拉列表中为其添加"颗粒"纹理,其具体参数设置如图12-50所示。

图12-50

11 单击"确定"按钮,即可为矩形添加颗粒效果,然后执行"滤镜>风格化>风"菜单命令打开"风"对话框,在对话框中设置风的"方法"为"大风",方向为"从右",如图12-51所示,设置完成后单击"确定"按钮保存设置。

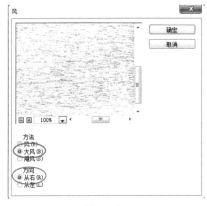

图12-51

12 保持对该图层的选中,然后执行"图像>调整>黑白"菜单命令,打开"黑白"对话框,在对话框中更改矩形的颜色,调整后的参数如图12-52所示。

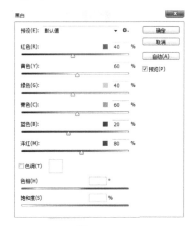

图12-52

13 按快捷键Ctrl+T调用"自由变换"命令,然后单击鼠标右键,在弹出的快捷菜单中选择"逆时针旋转90度"命令,旋转矩形,如图12-53所示。

14 保持该图层的选中,设置图层的"混合模式"为"正片叠底",如图12-54所示。

12-53　　　　　　　　图12-54

15 住Ctrl键,单击"图层1"的缩略图载入选区,然后选中已添加风格样式的图层,并按快捷键Ctrl+J复制图层,得到"图层2",再隐藏风格化的原始图层,如图12-55所示。

16 择"橡皮擦工具" ,然后选择一个比较柔软的笔刷,设置笔刷的透明度为50%,接着在矩形的高光位置进行擦除处理,如图12-56

所示，再选中除去"背景"和"底色"层的所有图层，并按快捷键Ctrl+G将选中图层形成一个组。

图12-55　　　　　　图12-56

17 新建一个"图层3"，然后使用"矩形选框工具" 在画布下端绘制出一个矩形选区，并将选区填充为深蓝色（R:44，G:56，B:61），如图12-57所示。

18 按快捷键Ctrl+D取消选区，然后使用"矩形选区工具" 在画布中绘制一个矩形选区框，并按快捷键Ctrl+J将选区复制到新图层，如图12-58所示。

图12-57　　　　　　图12-58

19 使用"渐变工具" 为矩形选区位置填充墨绿色至灰色的渐变，如图12-59所示。

20 单击"添加矢量蒙版"按钮，为该图层添加一个蒙版，然后在蒙版中填充白色到透明的渐变，使图层中矩形两边的色相隐去，如图12-60所示。

图12-59　　　　　　图12-60

21 取消选区，然后复制该图层，并删除蒙版，接着按快捷键Ctrl+T调用"自由变换"命令，并将矩形调整至合适大小，再载入选区，为选区填充深蓝色到墨绿色渐变，如图12-61所示。

22 取消选区，新建一个"图层5"，然后使用"矩形选框工具" 在画布中间位置绘制一个矩形选区，并填充深蓝色至墨绿色的渐变，如图12-62所示。

图12-61　　　　　　图12-62

23 取消选区，选择"横排文字工具" ，然后在矩形的对应位置分别单击鼠标左键，插入文本框，输入对应的文字，接着执行"窗口>字符"菜单命令打开"字符"窗口，分别选中两个文本框中的文字，将字体设置为Arrus Blk BT Black，如图12-63所示。

图12-63

24 分别选中两个文字图层，将文本调整至合适大小，然后按快捷键Ctrl+J复制图层，并分别选中两个复制图层；接着单击鼠标右键，在弹出的快捷菜单中选择"栅格化"，将文字转换为图形，如图12-64所示。

图12-64

25 选择"橡皮擦工具" 📝，然后在"画笔预
设"中设置"画笔大小"为67像素，选择59
号画笔，如图12-65所示，接着为文字的复制
图层载入选
区，并使用橡
皮擦在选区中
矢量擦除部分
图形，如图
12-66所示。

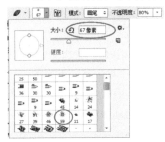

图12-65

图12-66

26 新建一个"图层6"，然后选择"画笔工
具" 📝，并在"画笔预设"中选择第2个画笔
样式，设置"画笔大小"为"1像素"，接着
移动鼠标至舞台中，按住Shift建横向拖曳鼠标
绘制出一条白色线条，再以同样的方式在白色
线条的下方绘制出一条"3像素"大小的黑色
横线，如图12-67所示。

图12-67

27 选中新建图层，然后设置该图层的"混合
模式"为"柔光"，
并按快捷键Ctrl+J复制
图层，接着设置复制
图层的"不透明度"
为48%，如图12-68所
示，设置完成后的效果
如图12-69所示。

图12-68

图12-69

28 新建一个"图层7"，然后选择"圆角矩
形工具" 🔲，并在选项栏中设置"选择工具模
式"为"像素"，如图12-70所示，接着在画布
左上角拖曳鼠标绘制出一个合适大小的圆角矩
形，再将圆角矩形载入选区，最后使用"渐变工
具" 🔲为其填充浅灰色至灰白色的渐变，如图
12-71所示。

图12-70   图12-71

29 按住Alt键，垂直向下拖曳圆角矩形，复制
出两个相同的圆角矩形，如图12-72所示。

30 按快捷键Ctrl+J复制图层，然后为图层载
入选区，并将三个圆角矩形的渐变更改为橄榄
绿至墨绿的渐变，接着将三个圆角矩形向左
下角移动1个像素左右，预留出金属材质的厚
度，如图12-73所示。

图12-72   图12-73

31 双击复制图层，然后在弹出的"图层样
式"对话框中为三个圆角矩形添加"内阴影"
的样式，接着双击"内阴影"即可设置阴影的
具体参数，如图12-74所示。

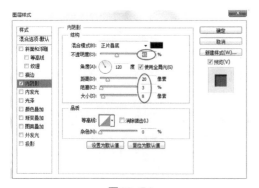

图12-74

32 设置完成后单击
"确定"按钮保存，
即可在画布中看到内
阴影的效果，如图
12-75所示。

图12-75

33 使用"矩形选区工具"![icon]在图标下方绘
制一个矩形选区，并将其填充为白色，如图
12-76所示，然后执行"滤镜>模糊>高斯模
糊"菜单命令，打开"高斯模糊"窗口，在窗
口中设置模糊的值，如图12-77所示。

图12-76

图12-77

34 单击"确定"按钮保存设置，矩形将会
被模糊化，如图12-78所示，然后设置图层
的"透明度"为70%，如图12-79所示。

图12-78

图12-79

35 复制图层，然后将画布中的图像垂直向上
移动至适当位置，并
设置该图层的透明度
为37%，如图12-80所
示，接着将"图层1"复
制一份放在"底色"图层
上面，加深投影颜色。
本例绘制完成，最终效
果如图12-81所示。

图12-80

图12-81

12.4 制作电商横幅广告

本案例要制作的是电商横幅广告。一则电商广告要想在众多的电商广告中脱颖而出，首先就应具备传播信息和视觉刺激的特点。本案例利用了对比色，使整个图片颜色有着极强的冲击力，能使人一眼就观察到广告想表达的内容，图12-82为最终定稿图。

图12-82

01 按快捷键Ctrl+N新建一个名为"电商横幅广告"的文件，具体参数设置如图12-83所示。

图12-83

02 导入学习资源中的"素材文件>CH12>素材09.jpg"文件，将图片拖曳至合适的位置并调整大小，效果如图12-84所示。

图12-84

03 复制背景图，然后选中下面的背景图，执行"滤镜>模糊>高斯模糊"菜单命令，打开"高斯模糊"对话框，设置"半径"为6像素，如图12-85和图12-86所示。

图12-85

图12-86

04 为上面的背景图层添加蒙版，然后选择"渐变工具"，在蒙版的右下角拖曳鼠标，为其填充一个具有透明效果的线性渐变，如图12-87所示。

图12-87

05 为背景添加一个"可选颜色调整图层"，具体参数设置如图12-88和图12-89所示，效果如图12-90所示。

图12-88　　　　　图12-89

图12-90

06 新建图层，然后使用"椭圆选框工具" ◎ 绘制椭圆，接着设置前景色数值（R:231，G:54，B:131）进行填充，效果如图12-91所示。

图12-91

07 复制图层，然后设置下方椭圆图层的"混合模式"为"颜色"，"不透明度"为50%，如图12-92所示。

图12-92

提示

调整背景时，可以将背景颜色向对比色方向偏，这样制作的背景视觉冲击力会增强。

08 缩放上方的椭圆图层，然后设置"不透明度"为80%，如图12-93所示，接着导入学习资源中的"素材文件>CH12>素材10.png"文件，最后调整人物和椭圆的位置，如图12-94所示。

图12-93

图12-94

09 选中人物，然后执行"图层>图层样式>命令"菜单命令，设置投影颜色为（R:53，G:3，B:55）、"不透明度"为86%、"距离"为25像素、"扩展"为10%、"大小"为20像素，如图12-95和图12-96所示。

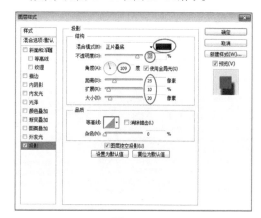

图12-95

图12-96

10 导入学习资源中的"素材文件>CH12>素材11.png"文件，然后使用同样的方法添加投影，如图12-97所示。

图12-97

11 导入学习资源中的"素材文件>CH12>素材12.png"文件,将其拖曳到软件中,然后使用"魔棒工具"进行抠图,如图12-98所示。

图12-98

提示

在排放人物素材或者产品素材的时候,可以凭借近大远小的效果,来体现空间感觉。

12 将水印拖曳到广告中进行缩放,如图12-99所示,然后设置图层的"混合模式"为"柔光",接着拖曳到广告右下角,效果如图12-100所示。

图12-99

图12-100

13 使用"横排文字工具"分别创建两个文字选区并输入文字,将其拖曳到椭圆上方调整位置和大小,效果如图12-101所示。

图12-101

14 设置前景色为黄色,然后选择"横排文字工具",并设置字体的大小,接着输入文本,再拖曳到合适的位置,效果如图12-102所示。

图12-102

15 设置前景色为黑色,然后使用"横排文字工具"输入产品名称,如图12-103所示,接着设置前景色为白色,输入说明文本,最终效果如图12-104所示。

图12-103

图12-104

12.5 制作网页界面

» 实例位置 实例文件>CH12>综合练习: 制作网页界面.psd
» 素材位置 素材文件>CH12>素材13.jpg~素材18.jpg、素材19.psd~素材23.psd
» 视频名称 制作网页界面.mp4
» 技术掌握 版面布局设计

本例要制作的是一个比萨店的网页,网页设计的目的是整合有效的图文信息,设计出能给予用户完美视觉体验的网页,最终效果如图12-105所示。

图12-105

01 按快捷键Ctrl+N新建一个"网页界面"文件,具体参数设置如图12-106所示。

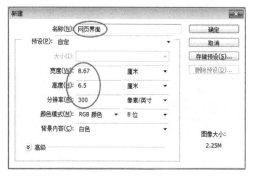

图12-106

02 新建"图层1",然后设置前景色为(R:249,G:82,B:93),接着使用"钢笔工具"绘制出一个合适的路径,并使用前景色填充该选区,如图12-107所示。

03 按快捷键Ctrl+J复制出两个图层副本,然后设置前景色为(R:236,G:98,B:114)和(R:228,G:83,B:67),分别填充两个图层选区,并使用"移动工具"调整位置,效果如图12-108所示。

图12-107   图12-108

04 打开学习资源中的"素材文件>CH12>素材13.jpg"文件,使用"移动工具"将其拖曳到当前文档中,得到"图层2",然后使用快捷键Ctrl+T改变其形状,效果如图12-109所示。

图12-109

05 使用"矩形选框工具"在"图层2"上框选出一个矩形选区,然后按快捷键Ctrl+J复制选区,接着使用"移动工具"移动复制出来的"图层3"到适当位置,最后设置该图层的"混合模式"为"排除",效果如图12-110所示。

图12-110

06 新建图层,然后使用"矩形选框工具"绘制出一个长方形的矩形选框,并使用白色填充路径,效果如图12-111所示。

07 按快捷键Ctrl+J复制出一个图层副本,然后执行"编辑>变换>缩放"菜单命令,将其宽度缩减，接着按快捷键Ctrl+J复制三个变换的图层，再使用"移动工具" ![移动图标] 移动到适当的位置，效果如图12-112所示。

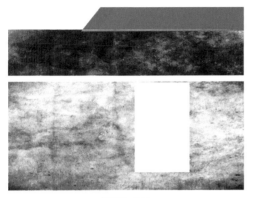

图12-111

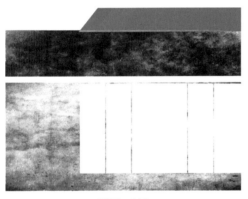

图12-112

08 导入学习资源中的"素材文件>CH12>素材14.jpg~素材18.jpg"文件，然后执行"编辑>变换>缩放"菜单命令，并将图片缩小、旋转到适当大小，接着根据各图层内容将不同的素材设置为对应图层的剪贴蒙版，如图12-113所示，效果如图12-114所示。

图12-113

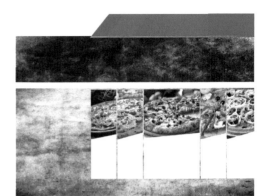

图12-114

09 设置前景色为（R:61，G:0，B:67），然后新建"图层5"，接着使用"矩形选框工具" ![图标] 绘制一个矩形选区，并使用前景色填充选区，最后设置该图层的"混合模式"为"强光"，效果如图12-115所示。

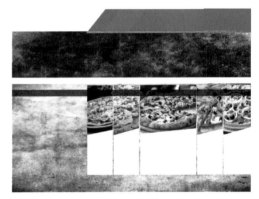

图12-115

10 新建"图层6"，然后使用"矩形选框工具" ![图标] 绘制出一个矩形，并使用白色填充选区，接着将"不透明度"设置为49%，再将"图层11"移动到适当位置，效果如图12-116所示。

11 新建"图层7"，然后使用"钢笔工具" ![图标] 绘制出一个合适的路径，接着设置前景色为（R:241，G:215，B:196），并用前景色填充选区，效果如图12-117所示。

图12-116

图12-117

12 新建"图层8"，然后使用"矩形选框工具" 绘制出一个矩形选区，并使用黑色填充选区，接着设置该图层的"混合模式"为"线性加深"，最后将"不透明度"设置为78%，效果如图12-118所示。

图12-118

13 新建"图层9"，然后设置前景色为（R:90，G:100，B:16），接着使用"钢笔工具" 绘制出一个合适的路径，并使用前景色填充该选区，效果如图12-119所示。

图12-119

14 按快捷键Ctrl+J复制该图层，然后执行"编辑>变换>缩放"命令，并将其变换成合适的形状，接着设置前景色为（R:113，G:85，B:46），最后使用前景色填充该选区，效果如图12-120所示。

图12-120

15 设置前景色为（R:187，G:83，B:67），然后使用相同方法复制并变换三个图层，接着用前景色填充其中一个图层，效果如图12-121所示。

16 设置前景色为（R:187，G:83，B:67），然后新建"图层10"，接着使用"钢笔工具" 绘制出一个合适的路径，并用前景色填充该选区，再设置该图层的"混合模式"为"强光"，最后将"不透明度"设置为82%，效果如图12-122所示。

图12-121

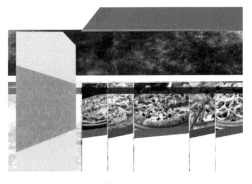

图12-122

17 设置前景色为（R:90，G:100，B:16），然后按快捷Ctrl+J复制"图层10"，并执行"编辑>变换>水平翻转"菜单命令；接着执行"编辑>变换>斜切"菜单命令，并将图形变换成合适的形状，再把"不透明度"设置为54%，接着将前景色填充，最后把该图层置于"图层17"的下方，效果如图12-123所示。

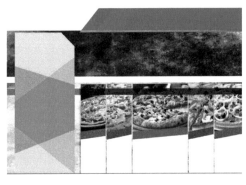

图12-123

18 按快捷键Ctrl+J复制"图层7"，然后执行"滤镜>滤镜库"菜单命令，打开"滤镜库"对话框，并点击"艺术效果"，选择"粗糙蜡笔"效果，设置参数如图12-124所示，接着将图层的"不透明度"设置为19%，效果如图12-125所示。

图12-124

图12-125

19 按快捷键Ctrl+J复制背景图层，然后在图层界面中将其拖到最上层，再调整图层的"混合模式"为"正片叠底"，接着将图层"不透明度"设置为11%，如图12-126所示。

图12-126

20 导入学习资源中的"素材文件>CH12>素材19.psd~素材22.psd"文件，将其调整到适当位置和大小，效果如图12-127所示。

图12-127

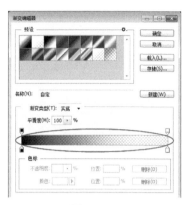

图12-130

21 新建"图层15",然后选择"直线工具" ／，在面板上按住Shift键画一条长度适中的直线,按4下快捷键Ctrl+J复制出4个相同图层,排列好后合并直线图层,效果如图12-128所示。

22 新建"图层16",然后用"矩形选框工具"绘制出一个矩形选区,并用白色填充,接着在"图层"面板下方单击"添加图层蒙版"按钮 ￭，为该图层添加一个图层蒙版,再打开"渐变颜色编辑器"对话框,设置第一个色标为黑色,透明度100%,第二个色标颜色为白色,透明度0%,效果如图12-129所示,渐变设置如图12-130所示。

23 导入学习资源中的"素材文件>CH12>素材23.psd"文件,将其放在适当位置,并单击"横排文字工具" T，在下方添加适当文字,效果如图12-131所示。

图12-131

24 选择"横排文字工具" T，设置合适的字体、颜色和大小,然后根据内容输入相关文字,最终效果如图12-132所示。

图12-128　　　　图12-129

图12-132